战“疫”进行时 科技助春耕

2020年春耕生产技术要点

广东省农业科学院　编著

南方日报出版社
NANFANG DAILY PRESS
中国·广州

图书在版编目（CIP）数据

战“疫”进行时　科技助春耕 ：2020 年春耕生产技术要点 / 广东省农业科学院编著. -- 广州 ：南方日报出版社，2020.2

ISBN 978-7-5491-2165-6

Ⅰ. ①战… Ⅱ. ①广… Ⅲ. ①农业科技推广－广东 Ⅳ. ①S3-33

中国版本图书馆 CIP 数据核字(2020)第 028431 号

ZHAN YI JINXING SHI KEJI ZHU CHUNGENG

战“疫”进行时　科技助春耕——2020 年春耕生产技术要点

编　　者：广东省农业科学院
出版发行：南方日报出版社
地　　址：广州市广州大道中 289 号
出 版 人：周山丹
出版统筹：阮清钰
责任编辑：蔡　芹　黄敏虹
责任技编：王　兰
责任校对：魏智宏　裴晓倩
装帧设计：钟　清
经　　销：全国新华书店
印　　刷：广州市尚铭印刷有限公司
开　　本：889mm×1194mm　1/32
印　　张：6.75
字　　数：148 千字
版　　次：2020 年 2 月第 1 版
印　　次：2020 年 2 月第 1 次印刷
定　　价：16.00 元

投稿热线：（020）87360640　　读者热线：（020）87363865

本书编写组

编写组组长：何秀古

编写组副组长：刘建峰

编写组成员（按姓氏笔画顺序）：

万　凯	凡　超	马　静	马成英	马现永	王　丰
王　刚	王　旭	王卫飞	王国霞	王富华	邓媛元
邝瑞彬	邢东旭	匡石滋	朱小源	朱根发	朱富伟
向　旭	刘　磊	刘小茜	刘传和	刘振兴	孙敏华
孙清明	杜瑞英	李　涛	李　颖	李大刚	李小波
李少雄	李伟锋	李国良	李建光	李春玲	李重生
李俊星	李振宇	李敦松	杨　琼	杨　慧	肖　阳
肖汉祥	吴　文	吴海滨	邱继水	何自福	何黎明
佘小漫	余元善	沈维治	张业辉	陆育生	陈　岩
陈于陇	陈国荣	陈炳旭	陈景益	陈智毅	邵　卓
林伟君	林悦欣	罗成龙	罗剑宁	季天荣	孟繁明
钟旭华	晏育伟	徐　赛	徐培智	唐劲驰	唐拴虎
唐雪妹	唐道邦	唐翠明	唐　颢	凌彩金	涂从勇
黄立飞	黄振瑞	黄继川	梅　瑜	戚南山	龚　浩
康桦华	彭埃天	董　涛	童　雄	谢大森	蔡月仙
黎健龙	操君喜	魏文康			

前言

众志成城战疫情，科技先行助春耕。为贯彻落实农业农村部和中共广东省委、广东省人民政府关于在抓好新冠肺炎疫情防控工作的基础上不误农时抓好春耕备耕的工作部署，作为广东省农业科技创新和服务的主力军，广东省农业科学院秉持科技创新、服务“三农”的办院宗旨，于2020年2月，在广东省农业农村厅、科技厅的指导下，抢抓农时，安排13个地方分院（促进中心）实地了解疫情防控下春耕生产技术需求，迅速组织以省农村科技特派员为主体的科技服务专家团队开展专题研究，联动全省农业科技服务网络，紧急编写出这本简明扼要、通俗易懂的科技资料，供各地农业农村部门、农业企业和农民朋友们“战疫情、促春耕”参考使用。

本书内容涵盖新冠肺炎疫情防控知识科普，

禽流感、非洲猪瘟防控，水稻、果树、蔬菜、作物、茶叶、花卉、蚕桑的土肥管理和植物病虫害防控，以及农产品质量安全、农产品加工等农业领域。期盼本书能为农业生产提供及时有效的良种良法技术支撑，为农村疫情防控、农产品生产供给贡献科技力量。

目录 Contents

第三章　蔬菜篇

第四章　旱地作物篇

第五章　果树篇

第八章　农产品加工篇

第一章

战“疫”进行时　科技助春耕

畜牧、兽医篇

肉鸡规范化饲养管理技术

春季生猪养殖生产技术

春季肉牛养殖场的生产管理

春季鱼塘养殖的注意事项

春季畜禽疫病防控注意事项

冬春季节禽流感的综合防控

春季非洲猪瘟的防控措施

第一节
肉鸡规范化饲养管理技术

一、进苗前的准备工作

进苗前的准备工作是肉鸡饲养管理非常重要的环节，因此，养殖户在进苗前要对鸡舍进行认真检查，符合要求方可进苗。

1. 做好清洗消毒工作

鸡群出栏后，应尽快做好鸡舍清洗消毒工作，通过“一扫、二洗、三消毒、四杀虫”对鸡舍内外进行彻底消毒，再空栏15天以上，以净化环境。具体清洗消毒步骤如下：

①清扫

在鸡群全部出栏后应首先拆除保温棚、饮水器、饲料桶等用具，清除饮水器、饲料桶的残留物，对屋顶、横梁、吊架、墙壁等部位的尘埃和蜘蛛网进行清扫，然后清除鸡舍、活动场及生活区内的垫料、鸡粪、灰尘和垃圾，不能留有卫生、消毒死角。

②清洗消毒饮水系统

使用水井的养户更换水井水，每批鸡更换1次；清洗水池、加药桶和饮水壶，并为水池、加药桶加盖；在水池添加饮水酸化剂，用pH试纸检测水线末端的pH值，在pH值降到4.1以后关闭水管末端阀门，开始浸泡。浸泡24小时后放掉酸化剂水溶液，用清水充分冲洗水线至清澈。

③彻底洗净鸡舍及用具

用高压水枪按从上而下、从里到外的顺序进行彻底冲洗，做到无鸡粪、鸡毛、灰尘、蜘蛛网等残留。

④做好灭虫、灭鼠工作

做好第一次消毒后，于次日对鸡舍内外及运动场用杀螨虫的农药（敌百虫1：200）全面喷洒，在进苗前一星期再全面喷洒1次，以防下一批鸡感染螨虫病。并做好灭鼠工作。

⑤鸡舍内外及有关设备的全面消毒

第1步：使用季铵盐类消毒药对设备进行全面喷洒。

第2步：待鸡舍干燥之后，先用聚维酮碘溶液清洗所有用具，然后用清水冲洗干净，晾干放好。

第3步：把鸡舍四周的排水沟清理干净，运动场上残留的鸡粪、鸡毛、垃圾等也要清理干净，然后用20%的石灰乳全面泼洒1次。

第4步：通风后空舍15天以上，等到下次进苗前一个星期再使用宝碘或快克进行喷洒。

消毒药物喷洒的正确顺序是：从里到外，从上至下（如：屋顶→墙壁→水泥柱→地面）。

2. 鸡舍安全措施防范

加固鸡舍；更换老化、破损帐幕；检修屋顶；疏通清理排水沟，达到防风、防洪、防水漏的效果。

3. 用电安全

检修电线电路，及时更换老化线路，电路保证过流，每栋鸡舍安装漏电开关、主电路开关。

4．备足垫料、用具

①垫料储备要求

每1000只鸡储备谷壳、稻草等垫料冬春季不少于20包，夏秋季不少于15包。冬春季应全期使用垫料，厚度要足够，要在3～5 cm左右，夏秋季2 cm左右，并做到5～7天清换一次垫料，达到保暖防湿的效果。并保持其干爽、舒适、清洁，以减少疾病的发生。

②用具的要求

备好开食盘10个/千只或小料桶10个/千只，小号饮水器10个/千只；大料桶20个/千只，自动饮水器6个/千只；围栏若干；每户1个喷雾器或喷雾设施，2条喷枪；每栋鸡舍1个消毒池；每户工作鞋若干；温度计1支/千只。

③保温毯的准备

每1000只鸡须准备足够的麻袋或保温毯，覆盖在保温架上作保温用。夏季要1～2层，冬季要2～3层。

5．备足保温设施及燃料

雏鸡保温主要采用保温架法，天气寒冷时辅以煤炉烧煤。要求每1000只鸡要具备煤炉1个，炭盆4个（天气寒冷时6个）；煤不少于500斤，木炭不少于200斤。

6．用薄膜或彩条布作为鸡舍外帐幕

帐幕要分为2层，上1/3，下2/3，自上而下拉动。冬春季要用薄膜设置“屋中屋”，高度以饲养人员的高度为宜，宽度根据雏鸡的数量、合理的密度进行控制，不能太宽，否则会浪费燃料，增加保温费用。

7. 保温架的搭建

每小栏保温架长4米，宽1米，高不超过0.8米，以铁丝、竹片、木条为材料做成。做好的保温架要坚固扎实，架面覆盖三层麻袋都不会坠下。每1000只鸡一小栏。随着鸡不断长大，保温架亦要逐渐增加以适应鸡生长的需要，一般以鸡休息时保温架内有1/3空地为合适。

8. 试温与升温

新装的保温设施应预先试温，如果不理想须考虑是否增加其他辅助设施，一般进雏前1天进行试温；雏鸡入舍前要求前4小时进行升温。

9. 做好接雏准备

备好拉苗车，准备防雨、防晒、防寒等用具。天气炎热时，拉苗车四周帐膜一定要开放，以免空气不流通而闷死鸡苗。若途中遇上车辆故障，应及时把鸡苗筐卸下，放在荫凉的地方，以防鸡苗闷死，并及时联系其他车辆拉回鸡苗。

二、肉鸡保温的要求

雏鸡对温度要求非常严格，温度过低会导致冻死、压死、白痢、卵黄吸收不良及发育迟缓；温度过高，雏鸡体内水分散失大，卵黄吸收过快，会导致生理机能失调，影响生长发育。因此，必须供给雏鸡适宜的温度，一般可以参考下面提供的温度要求：1～3天龄地面温度（温度计距离地面3～5 cm测出的温度），冬天36～34℃，夏天34～33℃，初生苗和中苗可适当提高1～2℃，以后每周下降2～3℃，到30天龄时温度不低于20℃。

中大鸡虽然对温度要求没有雏鸡严格，但是必须有适宜的

温度才能保证其生产性能的充分发挥。因此，30天龄以后的鸡群，当鸡舍内温度低于18℃时，必须采取煤炉烧煤的方法进行保温。

以上提供的数据仅供参考，在实际操作时，关键还是要“看鸡施温”，方法如下：

①当温度合适时，雏鸡精神饱满，活泼好动，叫声欢快柔和，食欲旺盛，羽毛平整光亮。雏鸡排除胎粪后，粪便多呈条状或呈田螺状；休息时，雏鸡均匀分布在保温架内，颈脚伸直熟睡，无奇异状态和不安的叫声。

②当温度过高时，雏鸡远离热源，张口呼吸，频频饮水，食欲减退，叫声尖锐。如在室温较低的情况下，外围与保温中心的温差较大，更容易引起小鸡受凉，诱发疾病。

③当温度偏低时，雏鸡围在热源附近，不愿活动，羽毛松乱，发出唧唧叫声，叫声尖锐而短促，不能安静休息。

对于育雏期的温度可以根据小鸡的表现加以适当的调节，大致可以按以下原则来掌握：初期宜高，后期宜低；弱雏宜高，强雏宜低；小群宜高，大群宜低；刮风阴雨天宜高，晴天宜低；夜间宜高，白天中午宜低。温度的降低要根据日龄的增长与气温情况逐步进行。

此外，在寒冷季节要注意处理好扩栏与保温的关系。随着雏鸡日龄的增大，需要提供更宽的活动面积来保证雏鸡的采食、饮水等活动，但是要注意扩栏后，随着保温空间的增大，室内温度也会随之降低，如果不注意保温通风，鸡群很容易受冷发生呼吸道病等疾病，因此，扩栏时必须注意做好以下工作：

①扩栏要逐步进行，绝不能一步到位，冬季一般10天扩栏1

次，其他季节7天1次。

②扩栏时要求在气温高的晴天中午进行为好，扩栏范围视气温高低和鸡群实际密度而定。

③扩栏后，煤炉要逐步增多，并逐步向外移动，使煤炉均匀地放置在保温棚内。若气温大幅度下降，要及时回栏及加温。

三、分栏、分群管理的要求

1. 分栏要求（数量上的要求）

一般的土鸡，中鸡按25只鸡/平方米，大鸡按14～15只鸡/平方米做好分栏。

2. 分群要求

①大小强弱分群：在进行疫苗接种和断喙时按照“强弱、大小、病鸡与否进行隔离饲养”的原则进行合理分群，即将个体比较弱小的鸡只单独分开饲喂，并加强护理，僵鸡应及时淘汰。

②公母分群：65天龄挑出鉴别误差的公鸡，分开饲养。

分好栏后，在饲养管理过程中，必须关好分栏门。

四、鸡群饲喂的要求

1. 舍内饲喂要求

进雏后，先饮水后开食，一般是先饮5%的葡萄糖水或8%的红糖水，3～5小时后再喂料。给雏鸡喂料要“少喂勤添”，宁少勿多。每次每个小料桶或开食盘一般投3两料，以后逐步增加。具体要求：雏鸡3天龄前饲喂要求使用开食盘（10个/千只鸡）；4天龄后使用小料桶（10个/千只鸡）；25天龄后逐渐使用大料桶。1～4天龄要求每3小时喂料1次，4～14天龄每5小时1

次，14天龄之后每天早晚各喂料1次，严禁控料。

2. 转料要求

转料时，不能一步到位，要注意逐步过渡，一般要有3天时间过渡，每天转换时上次饲喂的饲料品种与准备饲喂的饲料品种比例分别为：2/3∶1/3、1/2∶1/2、1/3∶2/3。

3. 鸡群的放牧管理与舍外饲喂要求（天晴放鸡时）

养殖户应在雨水后对鸡的运动场进行平整、排水并撒上生石灰（50斤/亩），必须做好上述清洁消毒工作后，再对鸡群进行放牧。

①鸡的日龄夏秋季在35天龄以上、冬春季40天龄以上实行放牧饲养，视天气情况而定。

②天晴放鸡时运动场要放置一定数量的料桶及自动饮水器进行舍外饲喂。一般要求是：4个料桶/千只鸡、至少1个自动饮水器/千只鸡。

4. 正确使用饲料桶和饮水器

中大鸡要求料桶要加料桶罩；料桶和饮水器高度适中，高度以料桶、饮水器底部与鸡背部相平为宜。饮水器要求每天清洗1次。

五、保温与通风关系的处理

适宜的温度和新鲜空气的供应是鸡群生长发育必不可少的两个基本条件。雏鸡既要保证温度，又要保证通风换气良好。正确处理保温和通风的关系要求做好以下关键工作：

①冬春季节（10月～次年4月）要求小鸡保温须搭建“保温棚”，中大鸡搭建“假天花”，高度以饲养人员的高度为宜。

薄膜纸与薄膜纸交接处，要留有一定的缝隙（间隔约10 cm），便于保温架和保温棚内的废气排放及新鲜空气的流入。

②鸡舍外围帐幕不要封死，天气寒冷时外围帐幕上1/3可以开小些，天气暖和时外围帐幕开大些；迎风面开小些，背风面开大些；晚上开小些，白天开大些。

③通风要符合相应日龄鸡群的需要。既满足温度的需要，不能通风过度，又要保证良好的通风需求。规范的通风操作应遵循“从里到外、从上到下”的原则。

④当保温棚内的温度偏低时，只能靠加多炭盆或煤炉烧煤、油桶烧柴来进行保温，千万不要靠密封保温棚来提高温度，避免缺氧情况和呼吸道病的出现。

⑤要善于抓住机会换气，利用加料和白天中午气温高的有利机会，把保温棚顶部的裂缝拉开拉宽，每次15～30分钟，以便充分排放废气，流入新鲜空气。

⑥把握好保温架内温度正常及换气良好的标准，关键看两点：一是鸡只在保温架内散布均匀，无张口呼吸，无打堆现象，说明温度适宜；二是在保温棚内闻不到较浓的氨气味，保温棚薄膜纸无水珠、无灰尘，无刺鼻、刺眼的感觉，说明空气新鲜，换气良好。

六、垫料管理的要求

①一般雏鸡阶段可使用木糠、谷壳（注意必须充分晒干防止发霉）作为垫料。垫料厚度要求：夏秋季以2 cm左右为宜；冬春季以3～5 cm为宜。

②常清理、常更换潮湿结块的垫料。要求每5～7天更换1

次，如果鸡舍太潮湿，可以在地面上先撒上少量的生石灰再铺垫料。特别需要提醒养殖户注意的是，饮水器、料桶底部的垫料最容易潮湿结块，要及时进行局部清理更换。

③防止垫料过干可以向垫料喷洒消毒水，天冷可以用温水喷洒。

七、断喙的要求

断喙可防止啄癖以及提高鸡只的采食质量、减少饲料浪费，所有品种的肉鸡均要求断喙。具体要求如下：

1. 不同品种的肉鸡断喙时间参考

①土一：8～12天。

②胡须鸡、清远麻鸡：15～22天。

如果未断喙鸡群出现一定比例的啄毛现象，须及时进行断喙。

2. 断喙操作注意事项

①断喙前一天开始在饲料中加入维生素K3，连用2天，减少应激反应。

②断喙要求在晚间进行，要避免与疫苗接种或转群同时进行，以减少鸡群的应激反应。

③断喙尺寸为上喙1/2，下喙1/3，上喙和下喙一定要齐平。

④断喙后要注意在当晚及次天早上检查鸡群，把个别流血的鸡只用切嘴机烫伤口止血。

⑤断喙后，密切注意呼吸道病和球虫病，如出现，立即添加治疗性药物。

⑥断喙后3天内，料桶应有足够的饲料。

八、日常消毒防疫工作

①养户每栋鸡舍门口要配有消毒池或消毒盆等消毒设施，并且消毒池内要经常存有有效的消毒水。消毒水选用复合酚或戊二醛癸甲溴铵溶液，保证2～3天更换1次消毒水，水深要求不低于5cm。

②任何人进鸡舍前必须脚踏消毒盆并洗手。

③带鸡消毒每周2～3次，鸡舍周围消毒每周1次。

④不要在鸡舍内及鸡舍周边混养鸡尾和其他禽类。

⑤死淘鸡必须登记后作无害化处理，严禁到处乱扔死鸡。

⑥减少与其他养户之间互相串舍，避免交叉感染。

九、肉鸡药物预防保健程序

肉鸡保健程序是预防肉鸡疾病、提高生产性能的主要措施。因此，必须抓住肉鸡饲养过程中疾病危害关键控制点（如2～3天龄的防白痢，22～23天龄的防软脚，接种疫苗时的应激反应及慢性呼吸道疾病，断喙及转料时的应激因素），有针对性地使用药物进行预防。

表1-1　肉鸡预防保健用药程序

日龄	药物名称	使用剂量	使用方法	用药目的	注意事项
1日龄	红糖水	100斤水/8斤	饮水	抗应激和增强体质	红糖水、葡萄糖二者选其一。初饮使用5小时左右
	葡萄糖	100斤水/5斤			
	维生素C	300斤水/100克			

（续表）

日龄	药物名称	使用剂量	使用方法	用药目的	注意事项
2～3日龄	杨乳沙星	200斤水/100毫升	饮水	预防白痢	拌料要均匀，连用2天
	三珍散	1包料拌200克	拌料		
11～13日龄	维生素C	300斤水/100克	饮水	接种疫苗，防应激，预防肠道病	接种疫苗前后2天
	益菌宝	400斤水/1升	饮水		
切嘴用药	维生素K3	1包料拌50克	拌料	止血	断喙前1天加入，连用2天
22～23日龄	替米考星	800斤水/100克	饮水	接种疫苗，防呼吸道病	混感肠清拌料要均匀，连用2天
	混感肠清	1包料拌20克	拌料	预防软肿脚	
转中料	三珍散	1包料拌200克	拌料	预防肠道病	拌料要均匀，连用2天
	益菌宝	400斤水/1升	饮水		
29～31日龄	维生素C	300斤水/100克	饮水	抗应激	接种疫苗前后2天
	替米考星	800斤水/100克	饮水	预防呼吸道	
	传喉疫苗+菌威和菌特威	菌威和菌特威：1万单位/只鸡	滴眼	减少结膜炎的发生	视鸡群情况而定
59～61日龄	维生素C	300斤水/100克	饮水	抗应激	接种疫苗前后2天
转大料	维生素C	300斤水/100克	饮水	抗应激	连用2天

注：①预防保健用药目的是预防软肿脚、呼吸道病和肠道病，另外在切嘴或做疫苗时起抗应激作用。

②禽流感、新城疫等重大疫病需要通过注射疫苗来防治。

十、安全生产管理措施的落实

在平时的肉鸡饲养管理工作中，除了落实各项防疫消毒、防暑降温、防寒保暖措施外，还应注意以下意外事故的防范工作。

1. 预防火灾

①煤炉和烟管不能与可燃物（如垫料、薄膜、麻包、电

线）接触，煤炉或油桶底部最好使用8块砖块垫住。炭盆应垫砖、加灰加盖，防止麻包掉到炭盆上，炭盆不能太靠外面。

②检修电线线路，及时更换老化电线，安装漏电开关。

③鸡舍应24小时有人值班管理。

2．保持舍内空气质量

①保温架必须要留透气带，保证新鲜空气的流入。

②煤炉要注意检修，煤炉盖密封要严，谨防煤气的泄漏。

③雏鸡期间，每小时最少观察鸡群1次，人员晚上不能在鸡舍内过夜。

3．其他动物的侵害

在肉鸡饲养过程中，其他动物如狗、猫、老鼠等动物均对鸡群特别是雏鸡存在较大威胁。因此，养户饲养的狗、猫要圈绑好，平时要加强值班，同时做好灭鼠工作。野物出没较多的鸡舍，鸡舍周围应用铁丝网围好。

十一、疫苗免疫及抗体监测

疫苗免疫是确保鸡群生产安全的重要一环，必须严格执行肉鸡的免疫程序，做好接种疫苗的跟踪工作。

①领疫苗时要带放置冰块的保温瓶（箱），做疫苗过程中未稀释的疫苗应放在保温箱内。

②疫苗注射前的准备工作：将连续注射器和滴管清洗后，蒸汽消毒15分钟以上，并检查注射器的密封性。

③12天龄后的各种疫苗的接种要选择在晚间进行，且稀释疫苗后接种的时间应控制在半小时以内，可分多次稀释。

④严格按照规定的免疫方法接种，不得随意变更疫苗的接

种方法、剂量。尽量避免鸡群的漏免。做疫苗期间（3天内）不能带鸡消毒。

⑤接种完疫苗后，装疫苗的瓶子要用消毒水浸泡后深埋作无害化处理，不得随意丢弃，以免污染环境。

⑥每月定期按计划进行肉鸡的ND、H5和H9抗体检测，并做好统计分析，对不符合要求的鸡群根据生产实际情况进行补免。

第二节
春季生猪养殖生产技术

一、春季养猪生产中存在的问题

1．春季气候多变，昼夜温差大

冷空气过境时易导致气温剧烈变化。很多饲养场经过冬季封场防疫，员工在春季时容易出现懈怠情绪，对气候变化跟踪不及时，过早停止供暖，增加了疾病发生。

2．气温升高，利于蚊蝇和病原体滋生

随着气温升高，细菌、霉菌、病毒的繁殖速度加快，同时蚊蝇等有害昆虫开始滋生，助长了病原体的传播。

3．降水增多，水质变差

广东春季3～4月易出现梅雨天气，光照少，降雨多，空气湿度增大，饲料易出现霉变，也容易造成猪呼吸道病和皮肤病高发。同时雨水多、污染物被雨水冲入地表径流、地下水位上涨，造成猪场的水源水质变差。

4．生猪免疫力和抵抗力降低

经过季节的转化，猪体内激素水平随着光照时间和温度变化产生波动，破坏现有的激素平衡，直接对很多免疫应答产生

抑制作用，从而使免疫反应降低。

5. 人员流动增加

春节假期，养殖场部分员工休假，节后返工时猪场人员流动增加，携带物品也较多，要做好人员的消毒工作，严格执行消毒、隔离措施。

二、春季生猪生产饲养管理技术要点

1. 密切关注猪舍环境，及时通风注意保温

保持猪舍处于干燥通风的环境。生猪喜欢温暖干燥的环境，特别是一些机体调节能力尚未发育完全的猪仔，体表储存的脂肪比较少，抗寒能力弱，所以要做好猪仔防寒工作。加强对怀孕母猪猪舍的保暖和通风，提高母猪免疫力，以保证猪仔的成活率。

新建封闭式猪舍更应注意做好通风与防疫措施。现代养猪业由传统分散养殖向现代化、标准化、专业化方向发展。新建猪舍多采用带自动饲喂系统的封闭式结构，封闭式猪舍固然避免了季节交替时温度的剧烈变化，但自动化的系统极大地减少了饲养员与猪的接触，难以及时留意猪的细微变化。如果过分依赖自动化系统，不做好通风换气工作，导致饲养舍内刺激性气体超标，刺激猪呼吸道黏膜，则更易降低猪的免疫能力，降低猪群的健康程度，养殖场决不能麻痹大意。

2. 做好猪舍环境卫生和消毒工作

经常对猪舍进行杀菌、消毒工作，抑制细菌、病毒的传播和扩散，是春季生猪生产的重要保障。

在梅雨季节来临之前，养殖场要进行一次彻底消毒工作，

防止病菌生长繁殖。推荐彻底清洗猪舍后，用20%～30%的石灰乳对猪舍的墙壁、地面以及周围的环境进行喷洒、涂刷，再用3%～5%的来苏尔溶液对生猪进食的用具进行消毒，最后清水冲洗。

对场区，采用生石灰进行白化处理，清理杂草，填平场内水坑，清理池塘内浮水植物和塘边杂草，减少蚊蝇的滋生地。

查找猪舍的缝隙和漏洞，用纱网封闭窗户和通风口，门口采用双层纱帘防止蚊蝇飞入。有条件的猪场建议增设自动料线，减少人员和物资出入。

3. 做好饲料防护和供水保障工作

根据霉菌毒素的形成条件和规律（霉菌毒素最适宜生长条件：温度5～30℃、湿度80%～90%），做好饲料防霉措施，在运输饲料中要防止雨淋或人为弄湿。饲料要保存在干燥、通风的地方，在仓库中存放时应离地面30厘米以上，且不能靠墙。减少粉料，增加颗粒饲料用量。

对于自配料的猪场，要注意生产数量，随产随用，避免长时间储存。加强原料的管控，一定要注意对玉米容重、水分、破碎粒的检验，加大监控力度和处理。科学储存。14%的含水量是玉米安全储存的保障，含水量越低越好。储存玉米的温度不应超过24℃，相对湿度控制在75%以下。并利用一些物理、化学方法杀菌，延缓霉菌毒素的蔓延。若发现场所被污染可采用福尔马林、高锰酸钾熏蒸。

对于采用地下水的猪场尽量使用深水井，增设储水池，密切注意水质的变化，发现水质混浊变差时及时投放沉淀剂，有条件的养殖场增加过滤装置，或煮沸后再供给猪饮用。

4. 加强生猪防疫工作

春天要防止猪瘟、丹毒、肺疫、口蹄疫、蓝耳病等传染病的发生和传播。因此生猪养殖户要严格按照免疫制度，给猪仔注射免疫制剂。一旦发现猪群发生疫病，要立即进行隔离，处理好病猪和死猪。

密切关注周围地域的疫情，视情况及时采取控制人员出入、补充免疫等措施。在周边疫情严重时也可主动减栏、清栏减少损失。

加强猪群营养水平提高生猪的免疫力。高水平的营养供给，可以满足猪的营养需要，让生猪有一个健康的体况，提高生猪抵抗疾病的能力。因此在不同的生长阶段应该科学地喂食不一样的食物，并根据生猪的体重、进食情况进行调整。春季青绿饲料比较少，注意补充维生素，在日粮中添加一些胡萝卜等多汁饲料以增进猪的食欲。为了增强猪体的抗病毒能力，在饲料中可以选择性添加一些祛风散寒的中药，如金银花、连翘、麻黄、甘草等。

5. 控制人员流动，严格执行进场隔离和生产线人员洗消工作

合理安排值班，控制进场人员，严格执行72小时隔离。对带进场的物资要除掉外包装集中进行紫外消毒后才能带入生活区。

进入生产线要洗澡消毒，增加干衣机，烘干衣物后集中进行紫外消毒方可使用。

第三节
春季肉牛养殖场的生产管理

由于新冠肺炎疫情的影响，肉牛养殖企业需要因地制宜，克服各种困难，自力更生，开展自救，不耽误生产，把损失降到最低。这就需要养殖企业加强日常管理，科学施策，发挥技术储备的优势，广东省草地畜牧业创新团队（牛）针对省内肉牛养殖企业实际情况，提出以下建议，希望对行业有所帮助。

一、做好牧场的生物安全工作，重点是人员防护

由于牧场都具有完善的消毒防疫体系，在此次疫情面前不至于慌乱被动。主要做好正常消毒和防疫措施即可，但同时要严格做好工人的防疫工作。大部分养殖场工人年龄偏大，文化水平不高，对政府的宣传和牧场关于疫情的严重性可能意识不足，容易出现麻痹大意。因此需要加强对员工的教育和督促，组织观看权威部门发布的有关疫情预防措施的报道，实行全员驻场封闭管理，减少人员流动，要严格按照当地卫生防疫部门的要求，检测体温，佩戴防护用品。一旦疏忽发生疑似病例，整个养殖场可能将面临强制隔离，对生产造成重大影响，陷入

无人喂牛的境地，因此还需要做最坏的打算，做好应急预案。

外地返回的需要进入生产区工作的员工，需要进行14天的隔离，隔离期间不得与生产人员、场外人员接触。进入生产区要严格洗澡、更衣换鞋，个人物品（眼镜、手机等）消毒后才能带入。进入生产区前进行洗手消毒、脚踏消毒。

进行疫情安全和防护知识学习，及时下载最新的防护知识，通过短信、微信发送给员工，提高他们的自我保护意识和保护水平，争取让每个员工都能将防控作为自觉行动。

加强室内卫生消毒和通风，保持门窗每天打开通风不少于2次，每次20～30分钟。加强对餐具的煮沸消毒，安排人员分批就餐或者分散就餐。确保食材新鲜、卫生、安全。

做好工作人员口罩、体温计、毛巾、药香皂以及消毒药水等防疫药品的采购工作。由于部分消毒液（剂）属于易燃易爆物品，在使用时尤其要注意安全，使用75%酒精进行室内消毒时，要做到不吸烟无明火，安全第一。其他储存场所，如库房存放都要注意安全。

做好场区的消毒工作，选择含氯消毒剂进行环境消毒，牧场大门口消毒池及消毒室内的消毒液，根据进出人员及车辆频率，3～5天更换1次。

严格执行消毒制度，出入养殖场及生产区的人员、车辆、物品需要知道其来源（之前活动轨迹），在门卫处详细登记。严格落实消毒措施，正确使用消毒剂并确保消毒频次，每日进行登记。

严格执行病死畜禽无害化处理和消毒灭源等各项动物防疫制度。做好淘汰牛及病死牛处理。采取措施杜绝鸟类等野生动物出入。

二、对各类生产资料和牛群结构进行统计

对库存的各种原料进行准确统计，如精粗饲料（含原料）、预混料、兽药疫苗等的库存数量。及时与供应商进行沟通，确认每一原料可以到货的最保守时间，调研附近可以购买的各种原材料（如各种秸秆、玉米等原料）的数量。根据牛场各类牛的存栏情况，制定出每日需要的各种原料的最低需要量，为持久战做准备。根据困难的实际情况，调整生产计划和饲喂方案。

肉牛生产不同于其他畜禽生产，肉牛耐粗饲料，可利用精粗饲料资源广泛，具有生产周期长、抗逆性强、补偿生长能力强的优势，因此在困难时期，可充分发挥肉牛自身的优势。根据全场当前资源的状况和预测的疫情结束时间，结合可获得的饲料资源和牛群的存栏情况，及时调整养殖规模和饲喂方案，必要时可采取打破常规的做法。

1. 所需草料的合理估算

肉牛的采食量会根据体重的增加而增加，肉牛的平均采食量可以根据肉牛的自身体重计算出来，肉牛粗饲料的采食量按照干物质折算，占肉牛自身体重的2.5%左右。也就是说500公斤的肉牛，每头每天约12.5公斤粗饲料可以满足正常需求。不同存栏状况的牧场，可以根据本场的实际情况，根据不同阶段牛的存栏数进行所需草料资源的测算。

2. 粗饲料资源的合理调配

广东省常见的肉牛粗饲料来源主要有甜玉米秸秆、稻草、

甘薯秧、花生秧、甘蔗尾等。此外，种植的象草、皇竹草、黑麦草也是牛场常用的优良饲草品种。由于疫情的影响，草料的运输势必成为每个牧场的最大问题。因此需要因地制宜，利用当地所有的草料资源，农副产品下脚料资源，就近取材，减少运输环节，既保障不断粮又可以适当降低饲养成本。

3. 草料不足条件下饲料配方的合理调整

针对草料资源不充足且可能出现断供的情况，要做好饲料营养调整方案。加大可利用饲草料资源的使用，针对后期可能会出现的饲草料特别是优质粗饲料不足的问题，可以适当加大糟渣类饲料、块根茎类饲料以及纤维含量丰富的杂粕类饲料的使用，以应对粗饲料不足的情况。同时根据牛群的状况，调整牛群结构，增加出栏数量，主动开展淘汰老弱病残牛，提高牛群的整体健康状况，同时也可以降低饲草料消耗量，为顺利渡过难关提供缓冲时间。

肉牛主要以粗饲料为主，根据不同生长阶段，精粗饲料比例一般介于20%～80%。除上市前的高强度育肥，各阶段主要是以粗饲料为主，粗料占比虽多但主要起到充饥饱腹的作用，大部分营养来自于精料。精料主要包括能量饲料、蛋白质饲料、矿物饲料、微量元素和维生素添加剂等。能量饲料主要为玉米、高粱、大麦、小麦、木薯等，一般占精饲料配方的65%～70%。蛋白质饲料主要为各类饼粕，例如豆粕（饼）、花生粕（饼）、棉籽粕（饼）、菜粕（饼）等，其中豆粕质量稳定，容易采购，应用比较普遍。蛋白质饲料一般占精饲料配方的20%～25%。矿物饲料包括磷酸氢钙、碳酸钙（或其他钙源）、食盐、小苏打、氧化镁等，一般占精饲料配方的

3%～4%。微量元素及维生素添加剂主要为肉牛补充微量元素及维生素，一般以预混合饲料的形式补充，约占精饲料配方的1%。

在粗饲料不充足的情况下，可以适当提高精饲料的饲喂量，降低粗饲料的摄入比例。但不能低于干物质摄入总量的20%，尽可能不要细粉碎，保持其长纤维状态，以利于反刍。对于能繁母牛和犊牛，可适当增加精饲料喂量，能繁母牛的精饲料饲喂量不宜超过体重的1%，犊牛不宜超过体重的1.5%。育肥阶段可相对灵活，以精饲料为主时需要有一个循序渐进的过程，避免快速增加精料引起瘤胃酸中毒，同时也可以提高瘤胃缓冲剂如小苏打、氧化镁的饲喂量。高精料中小苏打一般占日粮干物质进食量的0.7%～1.5%。具备条件的可以采取小苏打和氧化镁混合使用，效果更好，两者的混合物占奶牛精饲料的0.8%左右（混合物中小苏打占70%，氧化镁占30%）。

三、拓展销售渠道，做好出栏上市工作

受本次疫情影响较为严重的是服务业，其中餐饮业是牛肉消费的主要渠道，这必然会导致活牛贸易、屠宰加工，架子牛的流通受到影响。此时可采取就近屠宰，就近销售的策略，优先销售膘情好的育肥牛，优先存留能繁母牛和犊牛。如果销售困难，可联系开工的屠宰企业代宰，租冷库先冷冻保存，通过电商的形式进行销售配送，冷冻库存的牛肉可待疫情结束后再寻找销售渠道，以减少损失。

第四节
春季鱼塘养殖的注意事项

由于新冠肺炎疫情的影响，过年期间的水产品交易和节后的水产品交易受阻，活鱼卖得少，存在养殖户卖鱼难，存塘量大的问题。水产品味道鲜美，营养丰富，是更利人体消化吸收、能增强免疫力的优质蛋白质，应加强宣传，建议市民多吃养殖水产品，促进水产品消费。对于养殖户分以下几类情况说明在春季生产中要注意的问题。

一、对于空余池塘放苗时间的选择

春天是万物复苏的季节，也是水产养殖放苗的季节。但经过一个冬天的沉淀加上开春的气温回升，空气湿度加大，助长了细菌、病毒和寄生虫等病害的发生。早春时节（2～3月）水温偏低，气候不稳定，偶尔会有冷空气，气候变化多样，水质也会不稳定，同时水产动物苗种期较脆弱，抗应激能力比较差，不稳定的水质容易导致苗种大量死亡。损耗后的苗种会沉淀在塘底积累，腐化，之后又会滋生细菌恶化水质，导致鱼虾得病，这就会形成一个恶性循环。所以，建议先晒塘消毒，若不须晒塘，也要在清明节后气温稳定时再放苗，避免造成不必要的损失。

二、对于养殖密度过大的池塘的建议

由于疫情影响，不能及时出鱼造成养殖密度过大的池塘，要及时求助政府相关部门或企业等，联系沟通想办法卖掉部分鱼，降低养殖密度，避免继续延长养殖周期所带来的风险。

三、对于部分存塘量的鱼塘养殖管理

经历了漫长的冬季因低温停料或少投喂后，随着春天的到来，水温会逐渐回升，养殖池塘会慢慢恢复饲料投喂。但此时的养殖对象体质虚弱，肠道功能退化，免疫系统和消化系统极为脆弱。对于部分池塘来说，由于存塘量大，底质易恶化，随着温度回升，极易造成鱼病暴发，甚至带来泛塘风险，此时要注重底质改良和水质稳定。主要注意事项如下：

①投料应以少量逐渐增加，阴雨天气应少投或者不投，不要盲目投喂，过量投喂会造成养殖对象肠道和肝脏受损，极易造成4月细菌性肠炎、烂鳃等鱼病暴发。

②在经过长时间的停料或少料后，养殖对象极大地消耗了自身蛋白质、维生素、微量元素，此时急需补充优质的蛋白质等营养元素，修复肠道功能，恢复机体免疫力，所以在投料时可以拌维生素C和增强免疫机能等功能性产品，增强其免疫力，提高抗应激能力。

③由于早春时节水温偏低，光照强度偏弱，水质会偏瘦，鱼塘经过冬天的沉淀，底质已经积累了相当一部分的有毒物

质，这些常常会导致水体缺氧，所以一定要注意做好水底增氧、肥水和水质改良，可以适当使用质量有保障的肥水和水产改良产品。

④对于能够耐受一定盐度的鱼虾，可以适当增加养殖水体盐度，提高抗低温耐受性。

四、疫情期间，养殖区域常规防疫

主要原则：戴口罩，勤通风，勤洗手，不串门。仓库若使用酒精消毒时要注意防火。

温馨提示：做好其他疫情防护措施的养殖户，遇到要卖活鱼或购买饲料等运输流通受阻的情况，可以与当地相关部门沟通解决（2020年2月4日，农业农村部办公厅印发紧急通知，要求各地不得以防疫为由，违规拦截仔畜雏禽及种畜禽运输车辆、饲料运输车辆和畜产品运输车辆，不得关闭屠宰场，不得封村断路。如遇到相关问题，可向农业村部或所在交通部门反映）。

第五节 春季畜禽疫病防控注意事项

一、春季生猪疫病防控注意事项

由于早晚温差较大，春季易发猪病包括仔猪腹泻、口蹄疫、呼吸道疾病等，是防控的重点和关键。因此，防控原则是：结合不同猪场布局和防疫要求，认真做好生物安全管理、环境控制和防疫消毒工作。

1. 做好全面的消毒工作，让病原无处可藏

在春节，特别是新冠肺炎疫情影响期间，人员、畜禽及环境的消毒是工作的重中之重，应做到全面、严格、细致、到位。做好门卫消毒、进生产区消毒、进猪舍消毒、日常消毒、即时消毒和定期舍内喷雾消毒等工作，对进场人员、车辆、生产工具、器具、圈舍及舍内空间、排污道、走道及场区道路、装猪台、仓库、住室及生产区人员的工作服等处，都应按规定进行严格消毒。针对猪场周边环境、猪舍、猪只、工作人员等采用不同的消毒药和消毒剂量，可采取的消毒方式有喷淋、喷雾、熏蒸以及饮水。可选用的消毒种类有烧碱、复合酚（消毒灵）、三氯异氰脲酸粉（优氯净）、戊二醛癸甲溴铵（广消

安）、聚维酮碘（聚福安）、过氧乙酸、次氯酸钠、福尔马林、高锰酸钾等。

2. 做好生物安全管理，有效切断疫病传播途径

做好生物安全管理，引种时必须做好隔离检疫及驯化；猪场内要定期进行灭鼠防鸟；严格控制人员及车辆进出生产及生活区；实施场内外的严格消毒；饲养员及工具不能串舍；一定要实行全进全出的管理模式。

3. 做好保温保暖工作，避免产生应激导致发病

保温是环境控制的重中之重。不要过早拆除防寒设施，正所谓“秋冻春捂”，意思是要使舍温缓慢过渡以减少猪群冷暖差距过大带来的应激。尤其产房和保育，舍温都应该保持在20℃以上，保温箱25℃以上，断奶仔猪转入保育舍的第一周温度还应提高2℃，即27℃，而后逐渐下降至23℃左右。在保温的同时，千万要注意通风换气。以减少氨气、硫化氢等有毒气体对呼吸道等黏膜的刺激。

4. 认真做好重要疫苗的免疫及免疫监测工作，提高免疫力

目前重点做好口蹄疫、猪流行性腹泻、流感、猪链球菌等疫苗免疫。种猪，猪瘟、猪口蹄疫普免1次；保育猪，按照猪场原有免疫程序进行。疫苗品种、剂量均按常规用量进行。

同时，加强产房和保育舍的保温及通风，减少猪流行性腹泻、猪链球菌病和副猪嗜血杆菌病的发生，做细日常消毒，保证营养全面，适量增加维生素等，不喂发霉饲料，饲喂合适的中草药以提高免疫力，增强抗病能力，降低养殖场的发病概率，确保健康养殖和生产安全。

二、春季鸡病防控注意事项

受新冠肺炎和禽流感疫情影响，当前养鸡业形式呈现整体受挫，形势严峻。如何做好适当减产工作，正确处理并重视生物安全管理及禽流感预防是鸡场养殖的重点任务。

1. 消毒消杀工作要全面，切断传播途径

做好鸡舍环境卫生与消毒工作，以保证鸡群的健康生长。不同于夏季的高温环境，春季更有利于病毒的传播和繁殖。

①鸡舍环境。进行鸡舍打扫，及时清理鸡舍污染物，定期使用消毒液对鸡舍、饲养用具、排污沟及周围环境进行消毒并保持鸡舍清洁干燥。

②消毒措施和要点。对进出车辆及人员进行消毒处理，切断疫病的传播途径，是防止疫情发生、扩散的重要措施。带鸡消毒的消毒液要求无毒或者低毒，不影响鸡群生长。若当前鸡舍为空栏状态，可用生石灰和烧碱进行场地彻底消毒，空栏时间不少于15天。

2. 做好免疫预防，提升鸡群免疫力

正确的免疫接种是鸡群健康的最重要保证措施之一。春季的鸡的免疫工作要根据不同区域执业兽医的要求，不折不扣进行。商品肉鸡（参照所用疫苗的说明书使用）：1日龄免疫马立克氏疫苗，4日免疫龄传染性支气管炎H120疫苗，8日、24日龄免疫新城疫相关疫苗，12日、20日龄免疫法氏囊疫苗，30日龄鸡痘疫苗。商品蛋鸡：要先后做好马立克氏疫苗、传染性支气管炎H120疫苗、鸡球虫疫苗、·新城疫疫苗、呼肠孤病毒性关节炎疫苗、法氏囊疫苗、禽流感H5疫苗、传染性喉气管炎疫苗、禽流感H9疫苗、脑脊髓炎疫苗、减蛋综合征和鸡痘疫苗等。并开展抗体监测工作，不合格的要适时进行补免工作。

另外，春季昼夜温差大，特别需要注意搞好防疫工作，定期进行预防接种。注意事项如下：

①疫苗的保存和预温工作须做到位。确保每种疫苗保存方式的正确，防止错误保存。疫苗使用时，须进行合理的预温工作，减少免疫时造成的应激反应。例如进行皮下注射新支二联油苗时，须把油苗提前放置鸡舍内进行预温，减少免疫注射时产生的应激；进行鸡球虫病活卵囊疫苗饮水免疫时，须把疫苗悬浮液放置鸡舍预温，防止溶解不充分，影响疫苗悬浮效果。

②适时调整免疫时间。结合具体情况进行免疫时间调整，如饮水免疫鸡球虫病活卵囊疫苗前断水时间可延长到1小时，确保免疫效果。如在下午进行禽流感变异株的免疫，可减轻免疫的应激反应。

③及时跟进了解鸡场禽流感发生情况。如出现疑似高致病性禽流感暴发，应立即上报疫情，封锁疫点疫区，不能乱扔病鸡，要按规定要求进行深埋或送无害化处理厂处置。

3. 关注鸡球虫病和肠道健康问题

①春季阴雨潮湿，是鸡球虫病的多发季节，须多关注鸡球虫病的发生。可多观察鸡场垫料和粪便情况。进行鸡球虫病活卵囊疫苗免疫的鸡场，须做好垫料和药物的管理工作、保证鸡球虫病疫苗的有效免疫。进行药物防控的鸡场，须多留意鸡场粪便情况，如发现血便，须及时用药防治。

②肠炎和鸡球虫病是相伴相生的，在防控鸡球虫病的同时须注意肠炎的防控。同时做好环境卫生，水源管理工作，防止细菌性肠炎的发生。

三、春季鸭、鹅病防控注意事项

受新型冠状病毒肺炎和高致病性禽流感疫情影响，水禽生产冲击大。春季复产生产应减少人员流动，备好饲料、消毒、防疫物资，加强清洗消毒，稳定人员和物资，积极做好疫病防控措施。

1. 消毒措施到位，把好环境关

①若当前处于空场状态，可加强场地的加固和改善，饲料存储场所的修缮及防潮措施的改进，同时使用氯制剂、复合酚、醛类等消毒剂对栏舍、器具进行清洗、消毒，确保场地启用时处于最佳状态。

②若当前处于饲养状态，应加强消毒，每周至少1次。同时驱赶野鸟，注意人员、运输工具等导致的外源病原传入。此外，注意饲料状态，及时清理料槽，防止霉变。

2. 重视春季易发疾病，做好免疫防疫工作

①重点关注当前影响水禽生产的重大疫病，肉禽至少使用H5和H7三价禽流感油乳剂灭活苗免疫2次，100日龄以上出栏的水禽和种禽至少免疫3次以上。如果出现疑似高致病性禽流感暴发，应立即上报疫情，封锁疫点疫区，并作无害化处理。

②2019年重新暴发的坦布苏病毒病仍然值得关注，应该减少鸭场中的蚊虫，注重对饲养用具、设备、运输车辆、种蛋的消毒及病死鸭的处理。及时使用商品化的弱毒疫苗（WF100株或者FX-180P株）或者灭活疫苗（HB株）。短周期的水禽建议使用1次活疫苗，至少1.5羽份；60日龄以上的使用2次活疫苗或者1～2次活疫苗加1次灭活疫苗的免疫方案。

对于雏禽，应该重点关注保暖，防止失温带来的损耗，同时及时补充水和电解质，保证雏禽成活率。与此同时，每天应该按照背风向开口的原则通风数小时，保证养殖舍内空气质量。同时，对容易发生的细小病毒病、鸭呼肠孤病毒病、番鸭白肝病、鹅痛风等疾病，根据不同疾病采用精制卵黄抗体或者保肝护肾等药物进行防治。

四、春季水产养殖管理与病害防控注意事项

春季是池塘养殖管理的关键时期，做好这一阶段的工作，对全年的养殖生产至关重要。清塘、水质调控、苗种选择与放养、越冬存塘鱼的管理、病害防控等等都要注意春季广东地区的气候特点以及疾病流行特点。2月至4月底广东地区气温多变，雨水多湿度大，昼夜温差较大，容易造成鱼病流行。做好春季池塘管理与病害防控需要注意以下几点：

1. 清塘要彻底、有效

常用的清塘类产品有生石灰、漂白粉、氨水、茶粕、鱼藤精等，各有特点。如生石灰病原杀灭效果好还具有改善池塘底质的作用，但是成本高、劳动强度大且要防止生石灰潮解失效。在选择清塘药物的时候要根据底质、水质、放养品种、池塘发病记录、药物性价比等综合考虑。

2. 做好水质监测，维护好水质

通过添加定向肥，补充硅藻等有益藻藻种，使用EM菌等复合益生菌，调整好水体的藻相与菌相。尤其是在清塘后的水质调控，让池塘生态系统的藻相、菌相处于良好状态，对后期的水质维护具有很大帮助。春季温度较低，换水、追肥等需要注意

“少量多次”的原则；春季连雨天较多，也要注意增氧等措施。

3. 要科学选择与放养苗种

应选择规格均匀、体表完整、活力高、逆水性强的鱼种，尤其需要做好苗种的检疫检验，严防鱼种感染病毒病。做好鱼种消毒，在放养前可采用高锰酸钾、食盐、碘制剂等消毒鱼种，控制好消毒剂量与时间。鱼种放养应选择在晴天，气温稳定的时间，放养地点应选择在避风朝阳处，放养过程坚持“缓慢、自然”，避免应激，并且控制适宜的放养密度。

4. 要合理投喂饲料，保证饲料的干净卫生

根据水温情况以及养殖品种，合理投喂，低温时减量、减次。饵料中适当添加维生素C、免疫多糖、保肝护胆产品等。春季湿度大，须防止饵料霉变。饵料投喂必须严格遵循“四定和四看”的原则，即定时、定位、定质、定量，看天气、看水质、看季节、看吃食情况。加强巡塘管理，做好养殖记录。

5. 做好重要病害的有效防控

拉网、冻伤容易造成存塘鱼的体表损伤，而且越冬后鱼的体质较差；鱼种的分塘、运输等操作后易造成应激；随着春季气温回升，病菌、寄生虫等开始大量增殖，极易导致病害发生。水霉病等真菌性疾病，赤皮病、竖鳞病等细菌性疾病，小瓜虫病、车轮虫病等寄生虫疾病，锦鲤疱疹病毒病、虹彩病毒病等病毒性疾病等均进入高发期。鱼病防治应坚持“防为主、早发现早干预，科学用药”的原则。防止鱼体冻伤、擦伤；拉网、分塘、运输前采用高稳维生素C、泼撒姜等做好抗应激；投喂免疫增强剂、肠道益生菌等调节鱼体免疫力；对病死鱼早发现、早诊断，科学用药，尤其不能滥用抗生素。

第六节 冬春季节禽流感的综合防控

每年冬春季节是禽流感等动物病毒性疫病高发季节。春节过后，广东可能出现阴雨、湿冷等对动物健康非常不利的天气，加之动物补栏、调运等应激，可能携带病毒的候鸟迁徙等增加了疫病传入的风险。此外，秋季防疫的家禽已经超过有效免疫保护期，动物抗病力整体下降，也是疫病发生的风险增加的重要因素。因此，要毫不懈怠地提高防控等级，加强疫情监测，做好综合防控措施。

一、科学认知禽流感病毒及其潜在危害

禽流感病毒属于甲型流感病毒。流感病毒可分为三种类型：甲型、乙型和丙型，其中甲型流感病毒感染人类和多种不同动物；乙型流感病毒仅在人际间传播并引起季节性的疾病流行；丙型流感病毒既可以感染人类，也可以感染猪，但病情通常较为温和，而且很少进行报告。根据宿主来源，甲型流感病毒可以分类为禽流感、猪流感或其他类的动物流感病毒。如甲型H5N1亚型和甲型H9N2亚型禽流感病毒以及甲型H1N1亚型和H3N2亚型猪流感病毒。

这些甲型动物流感病毒有别于人类流感病毒，而且不容易在人与人之间传播。人类感染的主要途径是直接接触受感染的动物或受污染的环境，但不造成这些病毒在人与人之间的有效传播。大多数甲型H5N1和甲型H7N9禽流感人类感染病例均与直接或间接接触染病活禽或病死禽类相关。因此，从动物源头控制疾病对减少人类风险至关重要。

二、养殖从业者要高度重视做好禽流感的综合防控

水禽是多数甲型流感病毒亚型的主要天然储存宿主，临床症状表现取决于病毒的特征。在家禽中引起严重疾病并造成高死亡率的病毒被称为高致病性禽流感；不涉及严重疾病的病毒被称为低致病性禽流感。值得注意的是，广泛存在的低致病性H9N2禽流感病毒为许多高致病性禽流感毒株提供内部基因。这表明，家禽中需要同时关注高致病性和低致病性禽流感。

近年来实践证明，通过免疫与消毒来控制禽流感的措施是有效的。目前，凡是家禽要实施100%的强制免疫，一般采用商品化重组禽流感病毒（H5+H7）三价灭活疫苗免疫2次以上：一免在7～10日龄，二免在25～30日龄；对于生长期短的家禽（如白羽肉鸡），可以酌情在35日龄免疫1次，剂量适当增加。同时，开展主动的抗体监测，确保抗体水平合格（HI效价大于5log2）。建议对家禽还可以加免含H9亚型禽流感流行株的疫苗：鸡一般在1周龄和25日龄左右免疫，至少免疫2次；水禽呼吸道疾病多发季节，可酌情免疫1次，防控愈来愈多发的H9亚型禽流感及其并发症出现。此外，要加强消毒隔离措施，要严防禽流感疫情的发生或传入。

如果出现疑似高致病性禽流感暴发，应立即上报疫情，封锁疫点疫区，并作无害化处理。如果发生低致病性禽流感发生，则应该控制继发感染，使用抗病毒中药等进行治疗，同时及时补充电解多维等维持体内机能平衡。

三、出栏上市的家禽，是安全卫生的

出栏上市的家禽，普通消费者可以放心。禽流感不通过熟食传播，为了安全消费家禽和家禽产品，只要在食品制备过程中对它们加以妥善烹调和适当处理。H5N1病毒对热很敏感。烹调使用的正常温度（食物的各个部分均要达到70℃）即可杀死该病毒。消费者必须要确定家禽的各个部分都熟透（无“粉红色”部分），而且对蛋类也要妥善煮熟（不得有“溏心”蛋黄）。即便食物曾被H5N1病毒污染，食用经妥善烹调的家禽或家禽产品之后，迄今为止也没有人因此受到感染。

消费者在加工、食用禽肉过程中，必须避免交叉污染风险。在制备食品过程中，不得生熟不分，不得让生的家禽产品汁水接触或混入可以直接吃的食物。在处理生鲜的家禽或家禽产品后，应用肥皂洗手或进行消毒。

禽流感对人类的危险，几乎完全局限于密切接触受感染家禽的人。对不接触家禽或野生鸟类的人，几乎不存在危险。迄今发现，禽流感最容易发生的风险地区在农村或城市近郊，那里家禽常常是自由放养的，粪便污染环境，容易接触到野外鸟类等，且存在不规范屠宰家禽的现象。此外尤其重要的是，家长应教育儿童不触摸生病或死亡的家禽或野生鸟类。

第七节 春季非洲猪瘟的防控措施

一、猪舍的清洗

在清洗猪舍前务必先确定猪场所用水源没有受到非洲猪瘟病毒污染。

去除木质材料的物品与篷布类的设备，并进行焚烧处理。如果猪场有裸露的土壤，在隔离区内要更换30 cm深的表层土壤，或翻耕不少于30 cm深的表层土掺入生石灰，有条件的可对地面全面进行水泥硬化。

对粪便污水进行无害化处理，清空粪水池和地坑中的粪水，并彻底进行清洗消毒，达到清洁如新的程度。

在场内建设一个消毒池，大小可根据猪场情况调整，建议尺寸为长3 m，宽1.5 m，深60 cm，注水到40 cm处，然后倒入季铵盐类消毒剂。如果要浸泡所有定位栏和产床需要更大的消毒池。

拆除猪舍内全部可拆卸的设备、设施，如有条件应把定位栏、产床、产床漏缝板都拆下来放在消毒池浸泡2小时。分批浸泡，每次浸泡前重新添加消毒剂。每5批更换一次消毒液，所有

使用火碱浸泡后的物品，均须用清水进行清洗和干燥。

不能拆除的设备、设施及栏舍地板、室内外墙壁先进行清扫、冲洗，再用2%火碱溶液全部喷洒，并保留2小时，然后再将栏舍从上到下彻底以清水清洗，待干燥后，重新清洗一遍。

清洗后重点检查漏缝板缝隙和背面、设备有拐角处、焊点、水线的弯头等死角。用白色的纸巾擦拭各处，白色纸巾无污渍为清洗合格标准。

水线表面在猪舍清洗过程中完成彻底清洗，并经检查合格后，关上总开关，在水箱或蓄水池中加入含有效氯3%的有机氯制剂消毒剂，浸泡2小时。当饮水器重新装好后，打开猪场最远端的饮水器，使蓄水池中的消毒水注满整个管道，并浸泡2小时以上。浸泡完成后，放掉水管道内的消毒水，再注入清水。卸下所有饮水器、接头等，放在过硫酸氢钾或戊二醛癸甲溴铵消毒液中浸泡2小时。

对屋顶部分，要注意清理天花之上的积尘、鼠窝。如是开放式木质梁柱屋顶应尽量更换木质梁柱，如实在无法更换应在彻底清理后将木质部分做防腐处理，并增加PVC（聚氯乙烯）吊顶。

二、猪舍的消毒

清洗完后，每天用2%烧碱碱水对全场地面消毒一次，持续一周。喷洒到地面有积水，并保持30分钟不干燥。喷洒后用清水冲洗，减少设备腐蚀。

把猪舍密封，每立方米空间用25 ml福尔马林加12 g高锰酸钾，密封24小时，进行熏蒸消毒，一周后再熏蒸一遍（注意不能带人熏蒸消毒）。如是封闭式单体猪舍可以采用煤油加热鼓风机，将舍内加热至60～80℃并维持30～45分钟（需要注意，舍内温度以底层温度，特别是漏缝地板之下的空间温度为准）。

猪场白化消毒：10%的石灰乳加5%的火碱溶液配制成碱石灰混悬液，进行猪场白化处理，对猪舍、栏杆、猪场外路面、猪舍内外墙体及猪场外围150米内的地面进行白化处理（部分新建场内部采用了疏水性涂料，可不做烧碱消毒和白化处理，采用卫可、戊二醛癸甲溴铵等消毒剂）。

三、辅助区域的清洗消毒

移除生活区、办公区、餐厅等各房间的所有物品，进行彻底清洗、粉刷。

清洗粉刷完成后消毒，每天1次，持续1周。

用三氯异氰脲酸，按说明书的3～5倍剂量进行熏蒸消毒（此为易燃、易爆物，应远离人员，高度注意安全），并密闭24小时，密闭时人员要离开。

员工宿舍的被褥、床、工作服，办公室、厨房内的木质物品等不能消毒的物品都处理掉。采用卫可、戊二醛癸甲溴铵等消毒剂进行消毒。

丢弃并焚烧处理办公室内一切不必要的物品，重要文件用臭氧熏蒸3小时，密封处理，存放至场外，必要时也要由非生产人员查阅，后续工作中尽量改为留存电子文档。

四、开展哨兵猪试养试验

哨兵猪应选取不同年龄阶段的健康猪（可以多引纯种或

二元母猪，检测ASF阴性，成功的可直接留种），数量不应超过原设计饲养量的20%。由于地方猪种易感性没有外来瘦肉型猪种强，发病时间普遍较长，因此不宜选用地方猪种作为哨兵猪。保育、产房推荐使用10～15 kg的仔猪，此时仔猪较活跃，好奇心强，在栏内的接触面积大。配怀舍、生长舍推荐使用60～75 kg以上的母猪（参考观察到的发病规律普遍为母猪、大猪先发病）。

引入前对所有哨兵猪进行ASF的血清学和病原学检测，确定阴性后再引入。试样过程中要时刻关注种源场的猪群健康状况，方便在出现感染症状时判断是本场问题还是种源场问题。

哨兵猪应采用带空气过滤装置的全封密猪车拉猪，避免运输过程中的交叉感染的风险。运输过程中保证生物安全：尽量晚上运猪，不停车，不进服务区，司机不下车。

每栏饲养2～3头哨兵猪，尽量每个栏舍均有哨兵猪。试养30天以上，其间如有病死猪，送权威机构检测。由于ASF潜伏期最长可达21天，感染后4～11天才能检测到抗原，各种防疫要求中普遍要求哨兵动物饲养时间要超过30天，如：原国家规定为45天，西班牙为30天以上，俄罗斯为60日或一个饲养周期。故农业农村部《关于印发〈非洲猪瘟疫情应急实施方案（2019版）〉的通知》中要求疫点和疫区扑杀后清洗消毒、引入哨兵猪饲养15日，即可以开始检测ASF抗体的做法欠妥，应饲养至1个月以上再进行ASF抗体检测。

试养结束后再次采集猪舍环境、舍外地面、猪场内车辆等处样本，送权威机构检测ASF病毒。多点多次、多时间段检验，确保安全后，才能复产。

第二章

战“疫”进行时　科技助春耕

水稻篇

水稻备耕要点

水稻栽培技术

水稻病虫害防治

不同栽培方式施肥方案示例

其他注意事项

第一节
水稻备耕要点

有序做好种子化肥等农资准备。根据当地气候条件，适时安排播种，广东早稻的播种一般在2月下旬至3月上旬。当前正值种子、化肥等农资准备的关键时期，建议采取措施保证种子、化肥等到户。一是以村社为单位调查所需种子、肥料等农资情况，并将结果报乡镇，由乡镇组织农资供应商统筹配送到村社。二是对农资供应商开通绿色通道，开具准运单，即使在封路情况下，在检查点对农资供应车进行全面消毒，让农资供应车到村到社。

第二节
水稻栽培技术

一、播种育秧

在做好防护和防疫措施的情况下，分散有序开展秧田耕整育秧等工作。一是选择稻米品质达到国标三级以上，抗病、抗倒、稳产的穗粒兼顾型优质稻品种如泰丰优208、五优308、粤禾丝苗、广8优金占、广8优2168、美香占2号、黄广油占、粤农丝苗、金农丝苗、合美占等。二是播种前1～2天晒种以提高种子活力和发芽率，根据当地实际选择地膜覆盖保温育秧方式和机插秧育秧或普通旱育秧技术播种育秧。地膜覆盖保温育秧注意选择背风向阳的稻田，切实预防倒春寒等不利天气影响。秧苗生长期间育秧管理注意落实保温保湿，揭膜炼苗，适时追“送嫁肥”，防治秧田病虫害。

采用水稻直播栽培的，要求田块平整，有水源保证，能排能灌，播种期适当推迟。注意防止鼠害、鸟害和前期冷害。

二、施肥管理

按“三控”施肥技术要求进行操作。

1. 合理密植，插足基本苗1.8万穴

抛秧的秧盘数：434孔秧盘50～55个，561孔秧盘40～45个。

栽插规格：6寸×5寸或6寸×6寸，每亩栽插或抛秧1.8万～2万穴，杂交稻每穴1～2苗，常规稻每穴3～4苗。机插秧30 cm×（12～14） cm。

基本苗：杂交稻每亩3万，常规稻6万。

2. 优化施肥

①总施氮量的测算

“五斤纯氮，增产百斤”：以地力产量为基础，每增加100公斤产量，须增施纯氮5公斤。

例：地力产量300公斤，每亩目标产量500公斤，则在地力产量基础上增加的产量为500-300=200公斤，总施氮量为200×5/100=10公斤。

②磷钾肥施用量的测算

按N：P_2O_5：K_2O=1：（0.2～0.3）：（0.8～1）的比例确定磷、钾肥施用量。

例：已测算出总施氮量为10公斤，则磷、钾肥施用量分别为2～3公斤（P_2O_5）和8～10公斤（K_2O）。

③扣除前作施肥的残效

前作是冬闲田或早稻的，不用扣除。

前作是蔬菜或马铃薯等，按前作施肥量的20%扣除。

例：冬季种植马铃薯，施用了纯氮15公斤，则早稻应扣除15×20%=3公斤纯氮。如果已测算出总施氮量为10公斤，则实际应施氮10-3=7公斤。磷、钾肥的扣除方法相同。

有稻草还田的，适当减少钾肥用量。如果稻草全部还田，则钾肥可减半。

④施肥时间和比例

氮肥：基肥∶分蘖肥∶穗肥∶粒肥=4∶2∶3∶1或5∶2∶2∶1。

磷肥：全部作基肥。

钾肥：一半作基肥或分蘖肥，另一半作穗肥。

基肥：40%～50%氮肥，全部磷肥。

保蘖肥：早稻插秧后15～17天，晚稻12～15天，20%氮肥，50%钾肥。

穗肥：早稻插秧后35～40天，晚稻30～35天，30%氮肥，50%钾肥。

粒肥：抽穗期，0%～10%氮肥，早稻一般不施。

三、水分管理

①插秧后浅水分蘖，当全田苗数达到目标有效穗数的80%～90%时（早稻插秧后25天左右，晚稻插秧后20天左右）开始晒田，但不要重晒田。

②倒二叶抽出期（插秧后40～45天）停止晒田，此后保持浅水层到抽穗。

③抽穗后干干湿湿，养根保叶，收割前7天左右断水，不要断水过早。

第三节
水稻病虫害防治

加强监测预警措施，推广应用抗病虫品种，注重栽培措施，推广农业防治，预防主要病虫害发生。对病虫害轻中度发生的稻田，采用绿色防控与结合化学防控的策略；对病虫害中等偏重稻田，采取化学防控为主，结合农业防治、生物防治的策略。具体方法如下：

一、品种合理布局

根据农业农村厅每年发布的适宜地区种植抗病品种及水稻害虫预测预报，选用适于当地种植的水稻抗性品种。避免单一品种的长期种植。

二、严格种子检验和消毒处理

对无病虫区，加强种子调运的检疫，不从病虫高发区引进稻种。水稻播种前用盐水洗种，然后用甲基硫菌灵及吡虫啉浸种，从种子源头上消灭病虫源。

三、做好农业防治，注重栽培管理

①栽培方面，防虫网育秧、旱育秧和半旱育秧，培育无病壮秧，秧田应选择在地势较高、排灌方便的地方，远离病虫害发病田。有条件的地方进行稀植栽培和稻菜轮作。

②肥水管理方面，避免偏施、晚施过量氮肥，注意氮、磷、钾肥的配合，合理配施有机肥。

③病稻、病草是病害越冬的场所，病、健植株应分别收割存放，尽快处理带病植株。螟虫发生严重的地区应采用旋耕灭茬、早春放水浸桩灭螟的方法。

四、及时进行化学、物理及生物防控

重视秧田防治，抓住初发病期关键环节，抑制发病中心，各种化学药剂交替使用；确定用药品种、用药时间，统一购药、统一配药、统一时间集中施药，提高防治技术水平和效果。

①插秧前2～3天，打好“送嫁药”，防治稻蓟马、稻叶蝉、稻飞虱等。

②孕穗期（施分化肥后7～10天）防治纹枯病一次。

③破口抽穗期注意防治稻瘟病、稻曲病、纹枯病、稻纵卷叶螟等，后期注意防治稻飞虱。

④其他按照当地预报进行。采用三控技术的病虫害一般较少，可酌情减少施药次数。

稻瘟病药剂推荐：吡唑醚菌酯、稻瘟灵、三环唑等。

水稻白叶枯药剂推荐：氯溴异氰尿酸、噻唑锌、噻菌铜等。

褐飞虱药剂推荐：呋虫胺、吡蚜酮、氟啶虫胺腈、烯啶虫胺、三氟苯嘧啶等。

白背飞虱药剂推荐：吡虫啉、吡蚜酮、呋虫胺、三氟苯嘧啶等。

水稻螟虫药剂推荐：康宽、阿维菌素、甲维盐、乙基多杀菌素、四氯虫酰胺等。

生物农药：Bt制剂、绿僵菌、枯草芽孢杆菌、多粘类芽孢杆菌、生防杀菌海洋放线菌、蜡蚧轮枝菌等。

天敌：稻螟赤眼蜂等。

物理防治：昆虫性诱剂、防虫网、诱虫灯等。

第四节 不同栽培方式施肥方案示例

一、移栽稻三控施肥方案

目标产量：早造450～500 kg，晚造500～550 kg。

总量：复合肥（N：P_2O_5：K_2O=24%：7%：19%）早造40～45 kg，晚造45～50 kg。

基肥：插秧前，50%。

分蘖肥：插秧后15天，20%。

穗肥：插秧后35～40天（早造）或30～35天（晚造），30%。

抽穗期：如果叶色偏黄且天气好，可用尿素0.5～1 kg结合破口药喷施，早造一般不施。

二、直播稻三控施肥方案示例

在中等地力条件下，目标产量每亩500 kg左右。

基肥：最后一次耙田前，每亩尿素9～10 kg，过磷酸钙15～25 kg（早稻多，晚稻少），施肥后与土壤拌匀。

分蘖肥：在5叶期，早稻播种后25天左右，晚稻播种后15

天左右，每亩尿素4～7 kg（多苗少施，少苗多施），氯化钾5～6 kg。

穗肥：早稻播种后60～65天，晚稻播种后50～55天，每亩尿素6～8 kg，氯化钾5～6 kg。

粒肥：在破口抽穗期，如果天气好且叶色偏黄，可结合喷施破口药，将尿素0.5～1 kg加磷酸二氢钾200 g对水叶面喷施。

除草剂：播种后3～5天用丙草胺封草。5叶1心期对于前期封草效果不佳的田块，再用稻杰和稻笑除草。

第五节
其他注意事项

①合理密植，插足基本苗，每亩1.5万～2万穴。

②前期慢长，请勿着急，这正是三控的关键！

③目标产量和地力不同，其施肥量不同。若施用了农家肥或绿肥，其施肥量要相应减少。

④保水保肥能力差的土壤，应在插秧后5～7天施尿素5～10斤，基肥和分蘖肥相应减少。

⑤其他可参考《水稻“三控”施肥技术》第二版（钟旭华、黄农荣、胡学应著，中国农业出版社出版）。

第三章

战“疫”进行时　科技助春耕

蔬菜篇

第一节
行业现状分析

在2019年秋冬季，由于蔬菜价格持续低迷，冬春种植面积稍有下降，但总体保持平稳。在2020年1～2月的疫情防控期间，广东省蔬菜生产量与往年大体持平。个别地区蔬菜出现短暂的不足，主要有两个原因：一是春节放假以及疫情隔离措施，导致劳动力不足，采收量较平常少些；二是疫情防控措施，物流、交通导致蔬菜流通不是那么畅通。本次疫情影响最大的是2020年春茬，正值播种、整地季节，缺乏劳动力，局部个别地区无法按往年的生产规模正常投入生产，估计会对春夏季蔬菜供应产生一定影响。

第二节 春耕应对措施

在疫情防控期间政府对蔬菜物流和交通应特事特办，确保蔬菜物流畅通；未雨绸缪，及早安排好春夏季蔬菜供应淡季的准备工作和贮备工作；同时抓紧落实和准备春耕生产的物资。广大菜农或蔬菜生产企业应正确对待疫情，以积极的态度去安排春耕生产。

一、加强对现有蔬菜的管理，尽可能延长供应期

①引导本地身体健康的农民，做好防护措施参加蔬菜采收，加大对市场的投放量。

②对多次采收的蔬菜加强肥水管理，延长采摘期，如菜心、芥蓝等可以保留侧苔。且蔬菜生产逐步进入旺季，产量将进一步增加。

③对尚未成熟的，根据墒情，合理追加肥水，加强对病虫害的防治，促进高产，如发生病虫害，优先采用杀虫灯、粘虫板、防虫网、套袋、生物农药等绿色防控技术措施，严格执行农药使用安全间隔期。

④对于已成熟且无法及时采收或来不及销售的情况，要做好适当延期采收或适当保存；对于粤西湛江、茂名等地的设施栽培越冬蔬菜，喷施叶面肥如磷酸二氢钾等，保持、延长叶片有效光合期；对于提早种植的瓜类蔬菜，可以适当疏果，摘掉部分幼瓜，适当减少养分消耗；对于茄果类蔬菜，可以适当延迟采摘，但也要注意避免影响后续坐果，辣椒可延迟一周左右，茄子不宜超过5天；对于来不及销售的蔬菜，有条件的菜场可通过放入冷库等措施进行适当保存。

⑤年前许多春季露地栽培茄果类、瓜类蔬菜已育苗，蔬菜种植户需要密切关注天气变化，如是否会出现倒春寒，做好极端天气防灾减灾。目前已育苗的蔬菜，幼苗期要注意水分控制，此外要通过棚室、小拱棚等措施加强保温措施，注意夜间保温，同时要在中午天气好时进行通风透气。需要定植的蔬菜要尽快定植，定植水和缓苗水要浇透，促进根系发育。

二、提前布局春夏季供应淡季

①抢种部分叶菜类蔬菜，如小白菜、生菜、芥菜、萝卜苗等速生叶菜，或利用大棚提早种植瓜类、豆类，以满足3～5月市场需求。

②气温逐步回升，合理安排瓜类、豆类等喜温蔬菜播种。播种面积可以比往年大一些，但要根据本地的条件选择不同熟性的品种合理分期播种，以免产品集中上市。

第三节
病虫害防治

加强监测预警措施，推广应用优质抗病抗虫品种，注重栽培技术，及时清除病残植株及中间寄主，适时采用药剂预防等防治策略。

①监测蔬菜病虫害发生动态，种植抗病虫或耐病虫优质品种。

②严格种子检验和杀虫消毒处理，从种子源头上消灭病虫源。

③做好农业防治，加强栽培管理：

一是布局多样化的菜田周围生境，保护廊道植被，增加天敌种群数量。

二是与非同科的蔬菜进行间作套种，常年连片种植的老菜区进行休耕、水旱轮作或稻—菜轮作，从源头上减少病虫害。

三是肥水管理方面，合理配施有机肥和生物菌肥，增施钾肥，科学追肥。在水分管理上，做好排灌设施，如有可能，建议采用高垄栽培方法。

四是及时清理田间病残株，清除田边及田间杂草，消灭病虫中间寄主。

④化学防控：病虫害发生初期为防控关键环节，合理选用

高效低毒药剂，轮换使用、统防统治，提高防治技术水平和效果。

小菜蛾推荐药剂：乙基多杀菌素、溴虫腈、甲维盐等。

黄曲条跳甲推荐药剂：啶虫脒、氯氰菊酯、丁烯氟虫腈等。

烟粉虱推荐药剂：啶虫脒、吡虫啉、噻虫嗪等。

瓜类白粉病推荐药剂：戊唑醇、醚菌酯、氟硅唑、嘧菌酯、吡唑醚菌酯等。

瓜类、辣椒及马铃薯病毒介体——蚜虫/蓟马推荐药剂：氟啶虫酰胺、高效氯氟氰菊酯和吡虫啉等。

瓜类及辣椒病毒推荐药剂：氨基寡糖素、宁南霉素、低聚寡糖素、香菇多糖等。

瓜类枯萎病推荐药剂：多菌灵、戊唑醇、咯菌腈、咪鲜胺等。

瓜类霜霉病推荐药剂：氟吗啉、氟噻唑吡乙酮、双炔酰菌胺、霜霉威盐酸盐等。

番茄、茄子、辣椒青枯病推荐药剂：中生菌素或噻菌铜等。

⑤生物防治与物理防治。

生物农药：Bt制剂、白僵菌、绿僵菌、枯草芽孢杆菌、多粘类芽孢杆菌、印楝素、蜡蚧轮枝菌、座壳孢菌等。

昆虫天敌：赤眼蜂、捕食螨、平腹小蜂等。

物理防治措施：性诱剂、防虫网、粘虫板、诱虫灯、电击捕杀车、诱捕器等。

第四节
春季蔬菜科学施肥管理

一、叶菜

1．施肥原则

有机无机肥料配合施用，有机肥施用商品有机肥或堆沤腐熟的畜禽粪便，化肥以高氮配方肥料为主。基肥在整地起畦时深施，并注重追施钙镁磷肥以缓解当前土壤钙镁普遍缺乏的问题。

2．施肥建议

基肥500～1000公斤/亩，钙镁磷肥30～50公斤/亩。追肥采用复合肥（15∶8∶10）或相近配方；菜苗移栽缓苗后追施化肥，前期施肥以少量多次随水追施为主，每亩8～10公斤复合肥撒施后淋水或兑水稀释200～300倍淋施，5～7天追肥1次；团棵期可适当加大施肥用量，每亩每次追肥15～20公斤，10～15天追1次。微量元素硼、锌缺乏的地块在苗期和团棵期各喷施1次含有硼、锌微量元素的叶面肥，或者喷施七水硫酸锌和硼砂0.2%～0.3%的稀释液。

二、瓜果类蔬菜

1. 施肥原则

瓜类蔬菜须施足基肥，以农家肥、有机肥为主，配合复合肥使用。伸蔓、开花结果期追肥。

2. 施肥建议

基肥在起垅时施入有机肥1500～2000公斤/亩，花生麸20～30公斤/亩，复合肥20～30公斤/亩及过磷酸钙30～50公斤/亩。生长前期不需要追肥太多，在初花期和坐果期结合培土进行培肥，提高钾肥的含量，复合肥每次追施15～30公斤/亩，花生麸25～30公斤/亩，收获期之后视长势每采收1～2次果追施复合肥10～15公斤。采收盛期结合病虫害防治喷施叶面肥（0.3%磷酸二氢钾液），保持延长叶片的有效光合期。

滴灌施肥在苗期肥料浓度以300～400倍为宜，后期150～200倍为宜，在多雨天气可适当提高肥料浓度，干旱季节降低肥料浓度。注意采用全水溶的固体水溶肥或液体肥料，注意过滤装置和管道的维护，定期清洗过滤器，管道在每次滴灌施肥后再滴灌清水10～15分钟，并定期打开滴灌管尾部冲洗，维护管道的畅通。

三、露地甘蓝

1. 施肥原则

①合理施用有机肥，有机肥与化肥配合施用。

②氮磷钾肥的施用应遵循控氮、稳磷、增钾的原则。

③肥料分配上以基、追结合为主。

④追肥以氮肥为主，氮磷钾合理配合。

⑤注意在莲座期至结球后期适当地补充钙、硼等中微量元素，防止“干烧心”等病害的发生。

⑥与高产高效栽培技术，特别是节水灌溉技术结合，以充分发挥水肥耦合效应，提高肥料利用率。

2. 施肥建议

基肥一次施用优质农家肥2方/亩；产量水平4500～5500公斤/亩，氮肥（N）13～15公斤/亩，磷肥（P_2O_5）4～6公斤/亩，钾肥（K_2O）8～10公斤/亩；产量水平5500～6500公斤/亩，氮肥（N）15～18公斤/亩，磷肥（P_2O_5）6～10公斤/亩，钾肥（K_2O）12～14公斤/亩；产量水平大于6500公斤/亩，氮肥（N）18～20公斤/亩，磷肥（P_2O_5）10～12公斤/亩，钾肥（K_2O）14～16公斤/亩。氮钾肥30%～40%基施，60%～70%在莲座期和结球初期分两次追施，磷肥全部作基肥条施或穴施。

对往年“干烧心”发生较严重的地块，注意减少铵态氮施用或者适度补钙，可于莲座期至结球后期叶面喷施0.3%～0.5%的氯化钙溶液2～3次；对于缺硼的地块，可基施硼砂0.5～1公斤/亩，或叶面喷施0.2%～0.3%的硼砂溶液2～3次。同时可结合喷药喷施2～3次0.5%的磷酸二氢钾，以提高甘蓝的净菜率和商品率。

四、辣椒

1. 施肥原则

①因地制宜地增施优质有机肥。

②开花期控制施肥，从始花到分枝坐果时，除植株严重缺肥可略施速效肥外，都应控制施肥，以防止落花、落叶、落果。

③幼果期和采收期要及时施用速效肥，以促进幼果迅速膨大。

④辣椒移栽后到开花期前，促控结合，以薄肥勤浇。

⑤忌用高浓度肥料，忌湿土追肥，忌在中午高温时追肥，忌过于集中追肥。

2. 施肥建议

优质农家肥4～5方/亩作基肥一次施用；产量水平2000公斤/亩以下：施氮肥（N）6～8公斤/亩，磷肥（P_2O_5）2～3公斤/亩，钾肥（K_2O）9～12公斤/亩；产量水平2000～4000公斤/亩：施氮肥（N）8～16公斤/亩，磷肥（P_2O_5）3～4公斤/亩，钾肥（K_2O）10～18公斤/亩；产量水平4000公斤/亩以上：施氮肥（N）16～20公斤/亩，磷肥（P_2O_5）4～5公斤/亩，钾肥（K_2O）18～24公斤/亩。氮肥总量的20%～30%作基肥，70%～80%作追肥；磷肥全部作基肥；钾肥总量的30%～40%作基肥，60%～70%作追肥。

在辣椒生长中期注意分别喷施适宜的叶面硼肥和叶面钙肥产品，防治辣椒脐腐病。

五、豆类

施足基肥，每亩施用1000～1500公斤农家肥、30公斤复合肥及20公斤过磷酸钙。在开花节荚前需肥较少，施肥量不宜过多。在开花节荚期需肥量大，尤其是对磷钾肥需求多，在开花前每亩追施15～20公斤复合肥、5公斤钾肥及10公斤过磷酸钙，节荚盛期再追肥1次，每亩施用15～25公斤复合肥。

第四章

战“疫”进行时　科技助春耕

旱地作物篇

第一节
马铃薯春耕生产注意事项

①中后期病害防控，尤其是晚疫病、黑胫病的防控，根据天气和发病情况有针对性地开展防治工作。

②进入收获期，根据市场行情，适时早收，若机械化收获，尽量减少机械损伤；没有来得及收获的，应注意防止水淹，做好田间排水工作。

第二节 玉米春耕春播生产技术

一、种子准备

1. 品种选择

春播玉米应根据当地生态条件，因地制宜地选用生育期适宜、产量高、抗病强的优良品种。建议使用优质种子，净度不低于98.0%，发芽率不低于85%，纯度96.0%以上，含水率低于13%。

2. 种子处理

种子包衣能够在播种后至幼苗期抗病、抗虫，促进生根发芽。按使用说明进行药剂拌种，在地下害虫重的地块，采用见益丹或辛硫磷颗粒剂2～3 kg随种肥下地，防止地下害虫造成缺苗断垄现象。

二、选地、整地技术

1. 选地

选用土壤肥力较高、排灌方便的地块，周围不宜种植不同类型和不同品种的玉米，以防串粉。此外，尽量避免连作。

2. 整地

一般在前作收获后翻耕去净根茬，施入有机肥、磷钾肥作

基肥进行混匀耙耱整平，做到土壤平整、细碎，上虚下实，无大土块。起垄，做好环田、中沟等排灌水沟。在玉米连作地、茎腐病或纹枯病重的田块可撒施石灰杀菌。

三、播种技术

1. 播种时期

春播玉米应在耕作层5～10 cm且地温稳定在10℃以上处，可根据当地常年播种时期。粤西地区应注意春旱和玉米南方锈病提早播种。

2. 播种方法

春玉米种植方式主要选择垄作，一垄双行，偏旱地区可采用单行。直播或育苗移栽；播种时要做到“深浅一致，播深3～5 cm为宜，覆土一致，行距一致”，墒情差时，可适当增加播种深度，以保证出苗时间集中、出苗整齐。育苗移栽宜在三叶一心期移栽，定向栽培更好。机播效率高，适用于大面积种植，机播防止漏播或重播。

四、肥料使用

1. 施肥原则

基肥为主，追肥为辅；有机肥为主，化肥为辅；氮磷配合，增钾补微；基肥、种肥及追肥平衡配合施用。

2. 施肥方法

春玉米在冬春耕时，应施入有机肥1000公斤/亩以上（或鸡粪250公斤），并辅施磷钾肥作基肥，连作地应每亩加施0.5～1.0公斤硫酸锌，再深翻耙平。玉米苗期可施用种肥，有壮苗作用；土壤肥力低或基肥用量少时，施用种肥增产明显；种肥采用条施或穴施，使其与种子隔离或与土混合，防止烧苗。追肥宜盖土提高肥效，有条件的地方可运用水肥一体化。

五、病虫害综合防治

1．农业防治

加强田间管理，及时清除田间病株、病叶，同时做好合理排灌工作，以增强植株抗逆能力；施足基肥，增施磷钾肥，避免偏施氮肥；合理密植，雨后及时排水，降低田间湿度，改善田间通风透光条件。物理防治。使用杀虫灯、性诱剂等技术诱杀玉米螟、草地贪叶蛾成虫。药剂防治。根据田间病虫发生情况，结合农技部门的病虫情报，及时选择针对性药剂进行防治，化学农药与生物农药交替使用。

2．异常天气病虫害易发应对措施

春季阴雨寡照，光照不足，病虫害易发频发，选用抗病虫、抗逆性强的品种，合理密植，及时除草清除病残植株，物理或药剂防控主要病虫害，南部沿海及粤西地区适期早播避开后期南方锈病危害。

六、春种玉米防范寒害和早春旱情

自2019年晚秋起，全省各地降水偏少，建议运用春耕保墒、覆膜春种措施，尤其是粤北地区选用耐寒抗逆性强的品种，重点防范春旱、倒春寒，调节播期，避开春寒，适时灌溉，防寒抗旱，通过喷施叶面肥增强植株长势，降低寒害、干旱危害。

七、低温寡照应对措施

早春气候往往多变，持续低温伴随阴雨寡照，出苗慢，光照不足，苗期叶色偏黄，建议增施有机肥，早施磷钾肥，覆膜提温，疏通排水沟渠，及时排除渍害。

第三节
春植花生栽培技术

①选用普通高产或优质专用花生新品种，适合华南花生产区水旱轮作田种植。

②适时早播，确保全苗，沿近北回归线产区，春植在惊蛰时种植，往南可提早，往北应适当延迟。

③一般株行距20厘米×23厘米，5行植，每穴播2粒，播种密度1.8万～2.0万苗/亩。

④播种时用多菌灵或百菌清拌种有利于防治因土壤带菌可能引起的花生根腐病、冠腐病。在播种时将种子与药粉一并倒进小盆中，用力摇匀，使药剂附在种皮上，再将种子播入土中。掌握播种深度，一般以5厘米左右为宜。由于南方的水田和黏质土湿度大，要播浅些。播种时应使种子胚根平放或向下，以避免胚根向上。

⑤施足基肥，根据土壤肥力条件酌情确定肥料施用量。一般中等肥力的田地，施有机肥500～750公斤/亩，氯化钾5～7公斤/亩或复合肥15～20公斤/亩，尿素5～10公斤/亩，全层施肥，一次施足。

⑥播种后3天内喷施金都尔除草剂。生长期间要做好病虫害防治，并注意安全用药间隔期。

⑦生长调节剂的使用。多效唑在开花后30天喷施，浓度以100毫克/公斤为宜。应当注意的是，生长调节剂应在土壤肥力较高、施肥量大的高产田和植株徒长过旺的情况下施用，土壤肥力较弱、植株长势差不可施用，以免造成植株早衰，导致减产。

⑧注意田间管理，合理排灌。开花前中耕除草，有灌溉条件的可在开花前灌溉。苗弱可追施复合肥10～15公斤/亩。结荚期，酸性土可重施石灰，促进荚果发育饱满。

第四节
甘薯春耕生产技术

广东甘薯春季生产主要包括两个方面：一是甘薯种苗的繁育；二是冬薯越冬后的管理。

一、春季甘薯种苗繁育技术

甘薯种苗萌芽迟早、数量、整齐度等主要是由品种的种性决定的，同时也受气候环境的影响。影响甘薯发根、萌芽的外界因素主要有：

①温度：薯芽萌动的温度为16℃，温度在16～35℃的范围内，温度愈高，甘薯萌芽愈快，而出苗以后温度以25℃为宜。如遇低温天气，则要及时覆盖薄膜避免种苗冻坏。

②水分：在萌芽期以保持床土相对湿度80%左右，薯皮上始终保持湿润为宜。土壤过多且长时间处于饱和状态，就会缺少氧气，对发根、萌芽均为不利，甚至会引起种苗成片腐烂。

③空气：薯块的根芽萌发，薯苗的生长，都和呼吸作用有密切的关系。氧气不足，呼吸作用受到阻碍，严重缺氧则被迫进行缺氧呼吸而产生酒精，导致薯块坏烂。

④光照：在育苗过程中要充分利用光照以提高土壤温度，促进光合作用，使薯苗健壮生长。在覆盖塑料薄膜时，应注意盖晒结合，以调节苗床的温湿度和流通空气，防止温度过高灼伤幼苗，或因湿度过大而使薯苗嫩弱。

⑤养分：育苗前期所需的养分，主要由薯块本身供给。一般采苗2次后，薯块里的养分已逐渐减少，根系呼吸的养分则相应增多，育苗中、后期薯苗发黄瘦弱，是肥料不足的表现，应追施速效性氮肥或高氮复合肥。

作种薯的薯块要求大小适中（单薯重在250克左右）、薯皮光滑、整齐度好、无病、无虫口、无伤口、无冷害。

1. 温室内高温催芽结合露地覆盖塑料薄膜育苗技术

①先将种薯集中在温室内进行高温催芽，然后在露地或冷床里覆盖塑料薄膜育苗。将选好的种苗在事先安装好地热电线温室内盖上薄土，并使土壤保持湿润，再用塑料薄膜覆盖。注意塑料薄膜须拱起，避免接触至薯苗，否则塑料薄膜经日晒后，膜上温度高会灼伤薯苗。

②温度保持在30℃左右，催芽期约10天，于芽长达1厘米以上时取出薯块，移至大田中起垄排种种植，并用塑料薄膜覆盖育苗。

2. 地膜覆盖育苗技术

地膜覆盖育苗是早春时节气温稍低于种苗发芽温度时的一种育苗方法。

①在大田中起垄排种盖土后，再用塑料薄膜直接覆盖在露地苗床上，种薯可提早出苗、齐苗。

②覆盖塑料薄膜时，应注意盖晒结合，以调节苗床的温湿

度和流通空气，防止温度过高灼伤幼苗，或因湿度过大而使薯苗嫩弱。应注意以下几点：

一是苗床要平整，床土要细碎，排水沟要开好。

二是排种前一次浇透水，及时排种并覆盖。

三是地膜四周要压实，以免风吹。

四是齐苗后要及时去除地膜。

3. 大田育苗技术

①在苗床地整地后起垄，与大田种植一样起垄，垄宽为0.9～1.1米，长度视需要而定。一般是选择地势平坦而稍高，排水好，水源近，土质肥沃而疏松，阳光充足的地方建苗床。

②种薯宜选育大小适中（单薯重250克左右）、整齐均匀，无病虫、无伤口，无冷害的薯块作种。将种薯放在25%多菌灵可湿性粉剂500倍液或50%托布津可湿性粉剂400倍液中浸15分钟。一般每育50千克种薯可供苗0.9万～1.50万株，种植3～5亩，平均每亩大田用种量约20～30千克，视品种的萌芽特性而定，排种期宜在插植前100天左右。

③在春季土温稳定在16℃以上时施肥、整地、起垄后，开沟，浇足底水，排种于沟中，盖2～3厘米厚的土，除遇特殊干旱外，出苗前一般不浇水，以免土温降低，影响出苗。出苗后适当浇水、追肥，促苗生长。

二、冬薯越冬后的管理技术

①冬薯生长至1～2月上旬，因低温干燥气候影响，冬薯生长缓慢，当气温低于7～8℃时冬薯嫩叶易受冷害影响。因此，如遇霜冻，可霜前灌垄沟水，第二天及时排除；如遇干旱，则

要进行灌跑马水，使冬薯正常生长。

②冬薯生长后期管理，2月中旬至收获，气温逐渐回升，茎叶、薯块生长逐渐加快，需肥量大，可每亩施高钾复合肥25～30公斤，促进薯块膨大。

③春季一般雨水较多，及时做好开沟排水工作，防止田间受渍烂薯。

④做好田块轮作计划，根据市场需求可适当延迟冬薯的收获期，以增加产量，提高效益。

第五节 烟草春耕生产技术

一、科学施肥

广东省烟草种植主要分布在韶关、梅州和清远地区，植烟土壤包括牛肝土田、沙泥田、石灰土田和紫色土旱地。烟草施肥要根据不同的土壤类型和肥力水平科学施肥。

1. 牛肝土田和紫色土旱地

分布于韶关的南雄、始兴烟区，梅州的五华烟区和清远连州烟区，施肥建议为：每亩施用有机肥（有机质70%，总养分8%）50公斤，烟草专用肥（13-8-15）50～60公斤，硝酸钾15公斤，硫酸钾5公斤。

2. 沙泥田类

包括梅州大埔、五华、梅县、平远、蕉岭烟区的麻沙泥田，韶关南雄、始兴烟区的白沙泥田和宽谷冲积的黄泥底沙泥田，乐昌、乳源、五华的石灰土田。施肥方案为：每亩施用有机肥（有机质70%，总养分8%）50公斤，烟草专用肥（12-8-16）50公斤，硝酸钾15公斤，硫酸钾5公斤。

3. 施肥方式

①基肥：采取条施或穴施方法，移栽前将全部有机肥和做基肥的烟草专用肥施入垄中间（条施）或穴单边（穴施）。

②追肥：在移栽后30～35天内，结合培土，淋施硝酸钾和50%的硫酸钾；打顶后淋施剩余的硫酸钾。

二、适时移栽

1. 移栽时期

根据广东烟区气候条件、栽培制度、品种特性等因素确定移栽期，应适时进行烟苗移栽。粤东烟区（梅州）在1月上中旬至2月上旬移栽，粤北烟区（韶关和清远）在2月初至3月上旬移栽。移栽时间应在冷尾暖头，以利烟苗生长。

2. 移栽规格

梅州烟区种植规格株距55厘米，行距120厘米，亩栽烟1000～1100株。韶关、清远烟区种植规格株距60厘米，行距120厘米，亩栽烟900～1000株。

3. 烟苗的选择

选择适栽壮苗，茎秆粗壮，高7厘米左右，直径0.7厘米左右，具有8～10片真叶，无病虫害，生长发育正常，苗龄50～60天，根系发达，叶色深绿，抗逆性强。

三、地膜覆盖

1. 膜上栽

当烟苗较大，日平均温度较高，种烟土壤较疏松的，可采用膜上栽。移栽前结合起垄，把有机肥、烟草专用肥等基肥开沟条施，然后盖好地膜。把膜拉紧，封严压实两边，在移栽时用移栽器在栽苗处开一个小洞，把烟株种下去，并淋足定根水和4.5%高效氯氰菊酯水乳剂（用量60 g兑15 kg水）防治地下害虫。一般盖膜30～40天后，应进行揭膜、追肥，上行培土。梅州烟区多采用膜上栽。

2. 膜下栽

当烟苗较小，日平均温度低于14℃时，可采用膜下栽。首先打穴，穴相对深些，然后把有机肥、烟草专用肥等基肥施入穴底周围，再把烟苗移入穴内，淋足定根水和4.5%高效氯氰菊酯水乳剂（用量60 g兑15 kg水）防治地下害虫，杀虫剂使用后要隔48小时后盖好地膜，地膜两边一定要压实，起到保水保温的作用。在苗上方的薄膜开一个小洞（应小于5 cm），以刚好把烟叶合拢紧引出苗为宜，让烟苗伸出膜外生长，用细土围住烟苗的基部封严薄膜口，减少膜内水分蒸发，然后转入大田正常管理。一般盖膜30～40天后，应进行揭膜、追肥，上行培土。韶关、清远地区多采用膜下栽。

膜上栽的移栽后10天左右，膜下栽的引苗后，结合补水可用58%甲霜。锰锌可湿性粉剂100 g兑100 kg水灌根用来防治黑腐病和黑胫病，引苗时间一般在下午4时后。

四、喷施除草剂防治烟田杂草

在移栽前至少一星期前，喷施除草剂防治烟田杂草。建议使用50%敌草胺除草。采用膜上移栽方式的，应在条施基肥后喷洒除草剂，然后盖膜。

五、前期田间管理

移栽后要注意烟苗生长，及时补苗；遇到干旱时，要及时灌溉；及时除草；还要注意防治病虫害，特别是花叶病、青枯病，做好田间其他管理。

六、田间卫生管理

及时清除田间残留的烟杆和脚叶，天气升温后及时揭地膜并回收，农药袋、肥料袋等化学品废弃物也要及时回收，减少土传病害、白色污染，保持烟田清洁卫生，促进烟草绿色发展。

第六节 春砂仁春季管理

砂仁属姜科，为豆蔻属多年生草本植物。砂仁观赏价值较高，初夏可赏花，盛夏可观果。果实供药用，以广东阳春的品质最佳，主治脾胃气滞，宿食不消，腹痛痞胀，噎膈呕吐，寒泻冷痢。春砂仁春季田间管理工作，主要有以下几项。

1. 中耕除杂草

砂仁果实采收完后，将地里的杂草除净，最好用手拔出并将土壤铲松，注意不要损伤春砂仁的匍匐茎和根系。同时，地四周1米范围内的杂草也要清除。将它们一起清除地外，晒干后统一堆积填埋或焚烧处理。

2. 割除老弱病苗

春季割苗工作一般在2月进行，将春砂仁中的老、弱、病、残苗割除，根据实际情况进行疏苗，使植株维持合理的密度，每平方米约50株左右。用甲基托布津1000倍喷洒苗群2～3次，每7～10天1次。割除的病苗要清除地外，可与杂草一起晒干后统一焚烧处理。

3. 施肥

春砂仁在经过开花结果后消耗了大量的养料，一般在收果

后和越冬季前施肥较多。春季主要追施磷肥、钾肥和适量的氮肥即可。

4. 灌溉

根据实际情况，春季若遇干旱，须在春砂仁地内开横直沟，放水进入土壤使其慢慢渗透吸收，或人工喷淋，有条件的可配滴灌系统，保持土壤湿润，满足春砂仁苗对水分的需求。春季若降水量过多要及时排水，以免引起烂根。

5. 荫蔽度调节

光照是影响春砂仁生长发育的重要因素，荫蔽度过大会导致其徒长，须要根据生长情况对枝条进行梳理，使透光度保持在50%左右，有利于春砂仁的生长发育和提高产量。

6. 病虫害

春季多发立枯病，会导致幼苗基部萎缩死亡，可喷洒波尔多液防治。此外，炭疽病危害春砂仁整个生长发育期，发现病株要及时清除烧毁。钻心虫主要危害幼苗，可在成虫产卵期喷洒敌百虫、吡虫啉、阿维菌素等。

第五章

战“疫”进行时　科技助春耕

果树篇

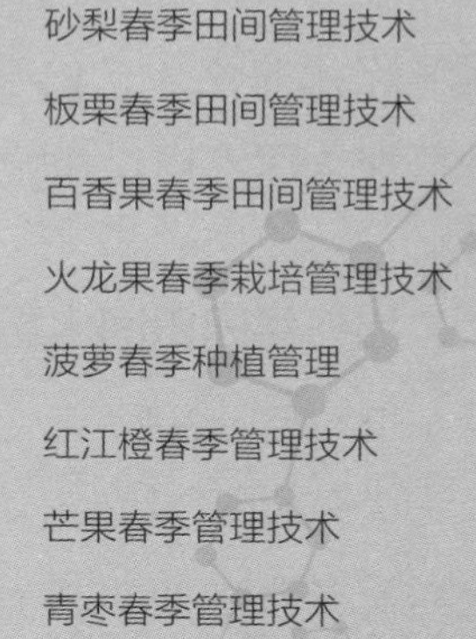

第一节
香蕉春季栽培管理技术

2019年广东省冬季气温相对较高，与往年相比香蕉受冻害影响较小，但个别产区也不同程度地受到了低温霜冻的影响。各地应根据当地香蕉实际受冻情况，结合香蕉所处不同发育阶段，及早采取针对性的栽培措施，降低低温霜冻对香蕉生长造成的影响，确保温度升高后植株能够正常生长发育。

一、清理蕉园

春季气温回暖后，要及时砍除残桩、死株、无效株，割除冻坏冻死的蕉牙、假茎和蕉叶，切成3～4小段，把枯叶残茎及杂草埋入深沟内，撒施少量石灰压埋作基肥。

二、加强蕉园田间水肥管理

1. 松土追肥

天气回暖后，土壤板结的蕉园要及时进行松土，经暴晒数天后有条件的可以进行大培土，增加土壤透气性以提高土温促进根系生长吸收养分。坡地应施用速效液肥，也可结合培土进行根际施肥，做到勤施薄施，以尽快恢复树势和促进吸芽萌发生长。

2. 叶面追肥

每隔7～10天对有叶片吸收功能的蕉树喷施氨基酸等有机叶面肥，尽量保护叶片，并增强叶片光合机能。

3. 防旱防涝

及时排除水田蕉园积水，增强根系有氧呼吸以防烂根。如遇干旱则要及时对旱地蕉园淋水，提高土壤持水量，改善土壤墒情以利于香蕉根系对养分的吸收促进生长。

三、病虫害防治

春季香蕉病虫害防治应以早防、早查、早除束顶病植株为重点。开春“圈蕉”清园，要注意捕捉或挖除象鼻虫，并于蕉株心叶及叶鞘处放置药剂，结合喷施心叶及叶鞘处，毒杀害虫。此外，春季回暖后，香蕉花叶心腐病、束顶病高发，应及时防治。发现病株应连同吸芽整株挖除深埋或烧毁，并结合喷施药剂杀灭蚜虫，彻底消灭传播媒介。

四、正确选留吸芽替代株

1. 大吸芽

此类将近抽蕾的大吸芽已抽生比较多的叶片，其心叶已受冻的应从基部砍掉，重新培养吸芽，每株只留一株健壮的红笋吸芽。此类吸芽可在当年9月下旬至10月下旬抽蕾。如果没有灌溉条件，抽蕾时间将会往后推迟，对产量影响较大。

2. 中小吸芽

有5张大叶以下（离地20 cm处假茎的周径约25 cm），并有部分绿叶的吸芽苗，若已受冻可在离地约1 m处进行切割上部，割到心叶没有受冻处，切口要平整并保持一定角度以防积水，此类吸芽可在当年9月中旬至10月中旬抽蕾，对产量影响不大。

3. 未露地面小吸芽

生长在母株蕉头上芽长5 cm以下的吸芽若没有受冻或受冻较轻，此类吸芽水肥管理要求高，应加强肥水管理，否则将推迟抽蕾。若年底低温前蕉果未到收获期，则难以避免低温寒潮和霜冻灾害威胁。

如果蕉园条件允许，尽量选择保留受冻腐烂组织切除后仍可抽出10～15张叶片后才抽蕾的较大吸芽，加强水肥管理，所得蕉果将在年底低温前上市，且产量较高。

第二节 柑橘春季管理技术

春季是柑橘抽发新梢和开花结果的关键时期。同时，由于2019年秋冬季发生罕见的连续干旱天气，大部分柑橘园受旱严重，加上新冠肺炎疫情等影响导致市场低迷的推迟采收，造成柑橘树树势衰弱，开花质量也普遍较差。根据上述情况，为确保2020年柑橘丰产丰收，加强柑橘春季管理十分重要。

一、尽快采果及清园，以利于恢复树势

由于干旱天气推迟成熟和销售市场低迷的影响，柑橘普遍推迟采收。未采收的柑橘园应尽快采摘销售，以减少经济损失和利于恢复树势。没清园或没彻底清园的柑橘园，在芽前应进行一次彻底清园，减少病虫侵染源。重点清除柑橘螨类、木虱、蚜虫、蓟马，以及溃疡病和炭疽病等病虫源。

二、水分管理

目前柑橘园普遍干旱缺水，有条件的要立即灌跑马水一次或通过滴灌滴水，以后按柑橘树需要和雨水情况及时做好排

灌。同时，开通柑橘园排水沟，防止春夏季多雨积水造成烂根，影响柑橘树的生长甚至引起落花落果。

三、合理施肥

1．幼树施肥

幼树施肥以勤施薄施为宜，攻梢肥于放梢前10～15天施，以氮肥为主；壮梢肥则在新芽3厘米至自剪时施，以复合肥为主。

2．结果树施肥

结果树春季主要是施春梢肥和谢花肥，催抽发新芽、壮蕾壮花和提高坐果率。

①春梢肥：春梢肥在春梢萌芽前约15天（一般2月上中旬）施，以速效氮肥为主，配合磷、钾肥或腐熟有机肥。施肥量因树因园而定，以便控制春梢长度，利于保果。一般可按树体大小、树势强弱，株施尿素0.3～0.5公斤、复合肥0.2～0.3公斤。

②谢花肥：谢花肥在开始谢花时施用，合理施用能显著提高坐果率。施肥以复合肥为主，适当增施钾肥，控制氮肥。施肥量由树势强弱、花果量而定，还要注意控制夏梢的萌发。例如，一般株产25公斤左右的树，在保证有机肥的基础上，可按树势强弱施复合肥0.2～0.4公斤/株为宜。另外，夏梢期幼果所需的养分，可采用根外追肥补给。

施肥应在树冠滴水线附近开浅沟施或撒（淋）施。同时，要在土壤湿润的条件下进行，若遇干旱施肥要结合灌水（有滴灌系统的结合滴水滴肥），没灌溉条件的可先采用根外追肥喷施叶面肥补充营养。

四、合理整形修剪

整形修剪主要是针对幼树，幼树以培养早结丰产树冠为主要目的。在春梢抽发新芽前，对幼树中上部徒长枝、壮旺长枝进行合理短截整形修剪，促进分枝和减少花量，有利于营养生长。同时，在花蕾期对抽发带花蕾春梢短截，以减少花果对树体营养的损耗。

五、保花保果

由于2019年秋冬季发生罕见的连续干旱，柑橘树秋梢质量普遍较差，可能会出现一部分柑橘园花多而花质差或一部分柑橘园花少甚至无花的情况。因此，要在合理施好春梢肥和谢花肥的基础上，根据不同柑橘品种和果园的具体情况采取以下措施保果：

①在谢花90%时开始喷3%“920”1000倍加叶面肥（如0.2%磷酸二氢钾）1～2次（隔15～20天喷第2次），对砂糖橘等无核或少核品种有显著的保花保果效果。不适宜喷 “920”的品种可叶面喷施爱多收4000倍加叶面肥（如0.2%磷酸二氢钾）1～2次（隔15～20天喷第2次）。

②在第一次生理落果期叶面喷施1次2%细胞分裂素1000倍加亚磷酸钾叶面肥1000倍；在第一次生理落果期结束时叶面喷施1～2次（两次相隔15～20天）0.004%芸苔素（云大120）2000倍（或5%防落素2500倍）加亚磷酸钾叶面肥1000倍。

③环割保果。生长旺盛树在第一次生理落果将结束时环割一次，开花少的树可适当提前环割。落果严重的壮旺树或在异常阴雨天气、光照不足的情况下隔15～20天可环割第2次。

④及时疏春梢和摘（控或杀）夏梢。在现蕾至春梢转绿前适当疏除部分过旺的无花和落蕾落花春梢，以减少养分的消耗，提高坐果率。控制夏梢可通过在植株谢花之后至初夏季节控制速效氮肥施用来减少早夏梢的萌发，结合环割保果对抑制夏梢也有一定效果。也可使用植物生长调节剂控制夏梢生长，可在春梢转绿期叶面喷施15%多效唑300倍或25%多效唑500倍加高钾高磷叶面肥1～2次（两次相隔15～20天）。

六、及时防治病虫害

在春梢生长期和幼果发育期重点做好柑橘红蜘蛛、锈蜘蛛、木虱、花蕾蛆、蚜虫、蓟马、灰霉病、溃疡病、炭疽病和黑点病等病虫害防控工作。要注意农药的选择和使用浓度，避免使用对新梢及花蕾有伤害的农药。

①柑橘红蜘蛛、锈蜘蛛建议使用哒螨灵、丁氟螨酯、氟啶胺、宝卓（30%乙唑螨腈）、阿维菌素-螺螨酯等杀螨剂。

②木虱、花蕾蛆、蚜虫、蓟马等建议使用联苯•吡虫啉、高效氯氰菊酯、噻虫嗪、吡虫啉、20%灭扫利等。

③灰霉病、炭疽病和黑点病建议使用苯醚甲环唑、咪鲜胺、丙森锌•多菌灵、吡唑醚菌脂、醚菌脂、代森锰锌等。

④溃疡病建议使用松脂酸铜、噻菌铜、喹啉铜、噻霉铜、噻唑锌、春雷霉素等。

第三节
荔枝春季管理技术

春季是广东省荔枝早熟品种花穗发育完成至开花及幼果期、中晚熟品种抽穗孕蕾至开花期的季节，2020年尽管大部分品种成花率高于前一年，但由于长达近半年的干旱少雨，导致花序节间长、花穗弱、成花质量差，预期挂果坐果堪忧。尽管受疫情影响，我们不能做太多精细管理，但灌水、淋水、清园、防病虫等必要的操作须及时跟上，为荔枝的丰产奠定基础，为2020年疫情过后的荔枝销售与消费提供保障。

一、清园

在开春荔枝芽萌动前后，即可进行清园工作。尤其在芽萌动之前未进行清园工作的，芽萌动之后应及时补救。清园主要防控对象为病害（霜疫霉病、炭疽病）和虫害（荔枝瘿螨、红蜘蛛、角蜡蚧、荔枝蒂蛀虫、荔枝卷叶蛾、斜纹夜蛾等）。具体综合防控措施（病、虫、螨兼治）：全园清除枯枝烂叶，深埋或烧毁；全园撒布生石灰每株1斤（5年生以上小树）至3斤（10年生以上大树），全园喷施波尔多液500倍2次；全园整株

喷施杀虫杀菌剂根据果园的虫情和病情而定，尽可能不用。

二、水分管理

目前正值花芽形态分化期，久旱影响花发育质量，应大量灌水或淋水肥，让土壤相对湿度达到80%以上，尽量采用滴灌、喷灌等节水灌溉方法。

若开花期遇低温阴雨，应及时摇树防止沤花，摇落凋谢的花朵与雨后积水，减少花穗因积水导致的霉烂死亡，减少霜疫霉病的侵染；若开花期遇高温干旱，则应及时对树冠、花朵喷清水（在上午10:00—12:00喷清水效果较理想），提高空气湿度，减低柱头黏液浓度，以利授粉受精。

三、施肥管理

在开花前应施花前壮花肥，即在见白点前后施一次花生麸沤制的腐熟液肥，要求按1∶10比例沤制一个月以上，施用液肥时再按1∶1兑水，占全年施用量的10%～15%。大寒前后正常抽花穗的不必施肥，以免花穗过长。

四、促花、壮花及疏花

花序抽生期因气温回升快、易“冲梢”，即小叶发育较快而影响成花及花穗的质量，可用乙烯利喷杀小叶。把握用药浓度，树势较弱、小叶未张开以前或气温较高时使用较低的浓度。从花芽萌动至开花前，每隔7天喷有机叶面肥1次，以提高花质，促进花蕾饱满膨大，提高雌花比例。在结果母枝顶端花芽刚萌动（露白）时，遇干旱可适当淋水，用细胞分裂素结合叶面肥喷施叶面叶背。

妃子笑为长花穗品种，须疏花后才能坐果良好，待花穗发育成熟，雄花少量开放，雌花开放之前，应用5%浓度烯效唑20g兑30斤水喷施，喷到叶面刚刚滴水为止。桂味、糯米糍为中短花穗品种，无须疏花。

五、保果壮果

1. 促授粉受精

荔枝开花期间果园放蜜蜂进行自然授粉，每公顷10群，或1～3亩/箱。放蜂期间严禁喷农药。

2. 物理保果

在果实发育期间，在冬季采用了螺旋环割但刀口已愈合的树再次进行环剥，未采用环剥的树选用环割、喷施药剂等方法保果。环割最佳时期主要有2次，分别在第一次生理落果和第三次生理落果前3～5天。即第一次环割在谢花期进行，以提高初始坐果率；第二次环割在谢花后25～30天进行，主要减少营养竞争引起的第三次生理落果。整个果实发育期环割次数不宜超过2次，适用于生长偏旺的结果树，特别是对壮年树，或者在雨水较多的天气情况下多采取该措施。

3. 化学保果

在良好的肥水管理前提下，可及时合理使用国家批准生产的植物生长调节剂进行保果。一般在果实并粒分大小后一周开始进行药物保果，重点针对三次生理落果高峰期。慎重使用保果药剂，在充分了解选用保果药剂主要成分、含量的情况下，

先小面积试用安全有效后，方可大面积使用，否则容易造成严重后果。

常用的植物生长调节剂有芸苔素内酯、6-BA、赤霉素、生多素、核苷酸等。挂果期结合使用0.3%磷酸氢二钾加0.1%～0.3%尿素水溶液或其他营养液多次喷树冠保果。

六、病虫害综合防治

荔枝病虫防控以预防为主，应在预测预报基础上，科学合理使用安全化学及生物农药。在荔枝花芽分化前后、荔枝开花前预防性地全园喷施一次杀虫、杀菌剂，可将病源、虫源基数降至最低。

鼓励采用黑光灯、诱虫灯、色板、防虫网等物理装置及设施诱杀鳞翅目、同翅目害虫。

保护果园天敌，优先使用微生物源、植物源及矿物源等对天敌、授粉昆虫等有益昆虫杀伤力小及环境友好型的低毒性药剂，避开天敌对农药的敏感时期施药。在荔枝蝽产卵的早期，有条件的果园可人工释放平腹小蜂防治荔枝蝽。可用白僵菌防治天牛、卷叶虫、金龟子等。

根据病虫发生程度和发展趋势，严格掌握农药的施用量（浓度）、施用方法和安全间隔期。合理混用、轮换交替使用不同类型、不同作用机理的农药。春季花果发育期重点防治"两病一虫"，即霜疫霉病、炭疽病和蒂蛀虫。具体防控方法：

①开花期

只能喷杀菌剂，不能用杀虫剂，要注意人工捕杀荔枝蝽及金龟子（勿喷农药）。

②谢花后

谢花后3～5天应全面开展杀虫杀卵杀菌，减少病虫害对生理落果的影响。全园及时喷药1次，防治霜疫霉病、毛毡病及金龟子，建议使用敌百虫、氯氰菊酯、可杀得、功夫。

③幼果期

开始防控好蒂蛀虫，4月上旬、中旬出现蒂蛀虫孵化高峰，在果实膨大期前须加强蒂蛀虫虫情预测预报，及时了解发生动态，指导合理用药。建议采用18%杀虫双水剂、90%晶体敌百虫、高效氯氰菊酯、灭幼脲/除虫脲等喷杀。几种农药可交替使用。

④果实膨大期

果实发育后期可酌情减少打药次数，降低药物浓度，至采收前10天停止喷药。需要进行蒂蛀虫防治的，建议使用阿维菌素乳油、甲维盐、灭幼脲/除虫脲等。整个病虫害防治过程中，严禁使用国家禁止使用的高毒高残留农药，确保果品质量安全。

第四节
龙眼春季管理技术

2020年全省龙眼成花较好，这不仅与2019年是龙眼的小年有关，也与年底长时间的干旱有关。干旱对龙眼的花芽分化有利，但长时间的干旱则会影响花穗的萌发，而且长时间的缺水也会导致鬼帚花的增加。针对上述情况，提出以下龙眼管理建议。

一、培养健壮花穗

成花率和花穗的质量直接影响龙眼坐果和产量，花穗形成期培养健壮花穗的技术措施如下。

1. 促进花穗及时萌发生长

在正常年份，广东的龙眼花穗在1月中下旬开始萌动，2月份伸长生长，3月上旬现蕾，不需要进行特殊处理即可顺利形成花穗。所以对目前已经正常萌动伸长的果园，可任其自然生长。因各种原因导致目前还无法萌动的果园，可以采取以下措施促进萌动：

①果园淋水，通过淋水促进花芽萌动。在整个花穗发育期经常淋水（约一周不下雨就可以淋水）保持土壤湿润，可使花

穗发育好，坐果率高。

②可地面轻施肥和喷施高氮或高钾叶面肥。

③进行适当修剪，剪除过密枝条，通过修剪促进花芽萌发。

2. 消除小叶对花穗形成的影响

2～3月是花穗快速生长发育的时期，这时的气温决定龙眼混合花芽是趋向发育成花穗还是营养枝。气温高于18℃时，混合花穗上的叶片生长占优势，新叶生长消耗了养分，会导致花穗发育中途终止，使花蕾萎缩脱落，甚至花序逆转发育成营养枝，即“冲梢”。对于不宜使用氯酸钾催花的果园，这个时期要及时采取措施消除花穗上新叶的生长对花穗发育的影响，以保证成花。对于少量发生的冲梢，可以不用处理；大量发生冲梢时，可采用药物来脱小叶，在花穗上小叶刚展开时用100～150 mg/kg的低浓度乙烯利（40%乙烯利12.5～18 ml兑水50 kg）喷花穗，可脱落花穗上的嫩叶。但使用时要十分慎重，即使低浓度无法脱落小叶，也不能加大浓度，否则浓度过高会抑制花穗生长，甚至杀伤老叶和花蕾，造成不能成花。

采用氯酸钾催花的果园，特别是地面施药催花的果园，冲梢对成花影响不大，可任其自然生长。

3. 控制花量，提高花的质量

4. 减少花期树体营养消耗

龙眼花穗长、花量大，往往是雄花多、雌花少、花质差。植株大量开花，消耗树体积累的养分多，直接影响小果的正常发育，会引起大量落花落果，导致龙眼“花而不实”。通过疏花、短截花穗以及使用抑制生长的调节剂等措施，减少花期树体营养消耗，都是有效的壮花保果措施。

二、创造良好的授粉受精条件

果实的正常发育需要经过良好的授粉受精过程，创造良好的授粉受精条件，有利于提高龙眼的坐果率，提高产量。

主要措施有：修剪疏通树冠，创造果园良好的通风透光环境；花期果园放蜂，提高果园的传粉效率；花期遇雨要及时摇树，摇落在花穗上已凋谢的花朵，防止“沤花”。

三、疏花疏果

龙眼具有多花多果习性。花量过大，开花期树体消耗营养过多，坐果率低；植株结果过多，树体营养生长与生殖生长失调，果实生长发育后期落果裂果严重，果小，果实品质差，树体容易衰退，甚至死亡。通过适时适量疏花疏果，调节树体养分积累与消耗相对平衡，能提高当年的产量和质量，使树势持续稳定地处于壮旺状态，有利于连年丰产。

1. 疏花疏果时间

疏花在花穗发育完成至开花前（3月中下旬，广州）进行。粤西产区大多采用氯酸钾催花，在预计2019年是暖冬的情况下催花时间都比较早，目前有少量果园果实已经有黄豆大小，大部分果园花穗已成型，须及时疏花。疏果在小果生长至黄豆大小时（5月上中旬，广州）进行，此时大量生理落果已基本结束，坐果相对稳定，疏果针对性强、效果好。

2. 疏花疏果量

疏花疏果量要根据当年植株的成花结果量、栽培品种的坐果能力、树龄和树势、栽培管理水平等来灵活掌握。

①疏花：当年植株成花率高、花量大，以疏花为主，一般疏去30%的花穗；树势弱、叶片少、花量大的植株疏花可达60%～70%。丰产性好、坐果能力强的品种，也以疏花为主，减少开花量有利于减少树体消耗，提高坐果率。植株成花量不足不疏花。树冠高大或者密集的果园，可结合回缩修剪开展疏花。

②疏果：大年多疏，小年少疏；树势弱、肥水管理水平低的树应多疏，树势壮、管理水平高的树可少疏。疏果要适量，若疏之过多，会减少当年产量；疏少则挂果过多，果粒明显变小，果实品质下降，后期落果严重，产量低，且引起树势衰退。

粤西产区疏花以短截花穗为主，采用人工或者疏花机来疏花，保留花穗3～5个分枝，长度10～15厘米。对花量大、树势弱的植株，建议整穗疏花，去掉1/3～1/2的花穗。疏果主要看结果量及树势，结果量多的才要疏果，留果量要因树势强弱、结果母枝粗度和叶片数量以及预期的成熟期灵活掌握，如树势强壮、结果母枝粗壮、复叶数较多的，应多留，反之则少留。预期成熟期要早的，留果量也可以适当少一些。通常储良龙眼每穗留果20～40个，石硖龙眼每穗留果量不超过60个。其他产区留果量可适当增加一些，储良每穗留果不超过50个，石硖不超过70个。

四、施肥

对于树势较弱的果园，可在疏花前施一次壮花肥，以15-15-15复合肥为主，5～6米树冠每株树1～1.5公斤左右。开花后暂时不施肥，等疏果后开始施壮果肥，壮果肥要有机肥和无机肥并重，以腐熟的水肥为好，15～20天淋施一次，5～6米树冠

每次施肥量为复合肥1公斤、硫酸钾或氯化钾0.5公斤、花生麸1公斤左右。

五、病虫防治

目前龙眼病虫害还较少，花果期主要防治鬼帚病、荔枝蝽、荔枝蒂蛀虫、尺蛾、龙眼瘿螨、角颊木虱等。

①花穗抽生期，花穗偶尔会受蛀梢虫类（如荔枝蒂蛀虫、荔枝尖细蛾、龙眼亥麦蛾等）和咀嚼式虫类（尺蛾、毒蛾等）为害。结合虫情，可在3月上旬（惊蛰前后），建议使用敌百虫、敌敌畏、氯氰菊酯。

②开花前，建议使用敌百虫或4.5%高效氯氰菊酯喷杀越冬荔枝蝽成虫，结合防病喷一次杀菌药；在4月下旬至5月上中旬开花后，再用敌百虫或菊酯类农药喷1～2次，杀低龄的荔枝蝽若虫。

③花蕾期和小果发育初期经常有尺蛾、毒蛾、金龟子等咀嚼式虫类为害花果，要求经常调查虫情，发现虫害及时喷药杀虫，尺蛾、毒蛾类建议使用甲维盐、高效氯氰菊酯。在4月上旬若金龟子为害严重，除喷药杀虫外，还须结合人工捕捉。

④果实种子充实后至果实成熟期，荔枝蒂蛀虫对果实为害较严重，要认真做好荔枝蒂蛀虫的防治工作，通过预测预报，结合农药一起防治。

第五节
番木瓜春季栽培管理技术

一、加强保温管理培育壮苗

由于2020年开春气温较低，番木瓜生产当前最重要的任务为通过盖膜、封棚或加热等措施进行保温管理。气温高于15℃时应注意通风炼苗，从而达到培育矮壮苗的目的。

二、选地

选地时必须考虑的因素：

①番木瓜为肉质根系，忌积水和水浸，最适宜在疏松透气良好、土层深厚的沙壤土中生长。因此，宜选择地下水位低和排灌水条件良好的地块。

②应考虑选择周边没有番木瓜环斑花叶病毒病源的地块为宜，避免环斑花叶病的暴发。

三、建园

①整地。地下水位偏高的地块应起高畦挖深沟，根据地势高低取用细畦单行或大畦双行种植，畦面整成龟背状，植穴起

土墩防积水，株行距为（2～2.2）米×（2.4～2.5）米，种植密度为120～150株/亩。

②施足基肥。整地时结合植穴施优质腐熟有机肥2～3千克/株、过磷酸钙0.5千克/株，硼砂3～5千克/亩，地面撒施石灰粉50～75千克/亩。

③根据果园具体情况建设好适当的灌溉系统，待气温回升后备耕。

四、定植

2月中下旬至3月初，待气温回升后定植。定植时应注意不宜定植过深，覆盖细土至略高出营养杯基质为宜，定植后淋足定根水。

五、幼苗营养生长期管理

1. 肥水管理

定植后5～7天，淋施0.25%～0.3%高氮复合肥水2.5千克/株，每隔7～10天施1次，浓度不变，逐次加大分量。安装喷灌系统的果园可充分利用设施施水肥以提高肥效。

2. 除草

番木瓜对除草剂非常敏感，苗期不能使用除草剂除草，应采用人工除草方式除草，或采用地膜覆盖防草。

3. 病虫害管理

主要预防蚜虫、红蜘蛛，以及茎腐病、根腐病的发生。

第六节
李春季田间管理技术

春季是广东李花器官和幼果发育期，因此做好春季管理对后续产量的形成至关重要，同时春季也是李种植的适宜时期，根据当下疫情和2020年全省特殊的气候条件，春季李栽培需做好如下工作。

一、种植

广东省李种植从冬季完全落叶后到次年春芽萌动前均可栽植，以春芽萌动前的1月至2月初栽植为宜。有条件的果园种植前应做好种植穴的准备工作，种植穴长1.0 m、宽1.0 m、深0.8 m，分2～3层施入基肥。回填至高出地面10～20 cm，再将碎土盖面10 cm，种植穴盘应比地面高出20～30 cm。每1m长种植穴或每穴施入树枝、杂草30～50 kg，鸡、猪粪10～15 kg，磷肥1 kg，石灰1 kg。种植时应注意定植深度以根茎与树盘地面持平。填土后在树苗周围培起直径100 cm的树盘。淋足定根水，用杂草覆盖树盘保湿，3～5天淋水1次。

二、追肥

对于没有做好秋冬施基肥的果园来讲，应当在开春后及时补施，促进花芽萌动、开花、结果。这一阶段施肥以速效肥为主，可施入堆沤腐熟的花生麸液体肥和适量复合肥。根据树势控制氮肥的使用量，防止枝梢生长过旺而影响坐果。

三、修剪

李树的修剪一般在冬季落叶后完成，对于冬季未能及时完成修剪的也应在春芽萌发前完成。初结果树的修剪采取冬剪和夏剪结合的方法，轻剪缓放多留枝：主侧枝的延长枝适度短截，其余枝条多缓放、少短截，培养健壮结果枝组。盛果期树的修剪以疏剪为主，疏缩结合。对过密枝、直立向上枝、重叠枝、交叉枝进行适度回缩或疏除；对树冠外围和上层的强壮枝采取疏密留稀，去旺留壮；对结果枝组采取疏弱留壮、去老留新，分批回缩复壮。衰老期树的修剪应及时疏除病虫枯枝、密集无效枝，同时将主枝和侧枝回缩更新，充分利用徒长枝和直立枝，更新树冠，尽快恢复树势。

四、花期水分管理

1～3月是广东省李花器官的生长发育期，对水分的需求较大，缺水可能导致花器官发育不良或畸形，不利于后期授粉受精和坐果。由于2019年冬季大旱，大部分李产区土地处于缺水状态，因此应在寒潮过后天气回暖时全园灌一次跑马水，保持果园湿润，以利于结果树现蕾。在开花期如继续遇到干旱天气还须灌水1到2次，以提高花的质量和利于后期授粉受精。

五、保证良好授粉受精

良好的授粉受精是后续产量形成的保证。由于2019年暖冬干旱，许多地方李二次开花现象十分普遍，2020年花量大大减少，因此更需要提供良好的授粉受精环境以提高产量。可采用花期放蜂、人工摇花授粉和人工授粉（花开放后4～5天）等方式促进授粉受精，同时应避免在花期喷药影响昆虫传粉。

六、严防“倒春寒”冻害

当前正是李开花的关键节点，也正是广东“倒春寒”频发的时间节点。近年来广东北部频频出现李花期遭遇低温阴雨天气而影响坐果的现象，因此应注意关注天气变化，在低温来临前，可采用果园熏烟或果园覆盖（采用防寒无纺布、防虫网等材料）等方法预防或降低低温冻害的影响。特别是针对低温阴雨天气，有条件的果园可采用简易避雨栽培（如树冠覆盖避雨膜）、人工授粉等方式提高授粉坐果率。

七、疏果

李的疏果宜在第二次生理落果（花后20～30天）后进行，及时疏除过多、过小、畸形、受病虫危害的幼果，留大果、好果；同一花序疏中心果，留边果；每个花序留1～2个果，果间距6～10厘米，叶：果保持在（25～30）：1。

八、病虫害防治

李春季主要防治流胶病、炭疽病、穿孔病等病害以及蚜

虫、叶螨（红蜘蛛）等虫害。

①流胶病

建议早春萌芽前喷施5波美度石硫合剂；流胶发生期喷施65%代森锌可湿性粉剂500倍液、50%混杀硫悬浮剂500倍液或50%甲基硫菌灵800倍液，每隔15天喷1次。

②炭疽病

建议落花后可选用70%甲基硫菌灵超微可湿性粉剂1000倍液或10%苯醚甲环唑水分散粒剂1000～1500倍液等喷施4～5次，每隔15～20天喷1次。

③穿孔病

建议发芽前喷5波美度石硫合剂；发病初期可选用25%苯醚甲环唑1500倍液加春雷霉素1000倍液、10%农用硫酸链霉素可湿性粉剂1000倍液等喷施2～3次，每隔15～20天喷1次。

④蚜虫

建议李树卷叶前用10%吡虫啉、50%辛硫磷乳剂等进行喷杀。

⑤叶螨

花后展叶期建议使用5%尼索朗；幼果期至果实成熟期前可选用11%乙螨唑悬浮剂4000～5000倍液、24%螺螨酯悬浮剂3000～4000倍液、3%绿晶印楝素1000倍液等进行喷杀。

第七节
番石榴春季管理技术

春季是番石榴管理一年中的关键时期。开春以后，果树陆续进入生根萌芽、开花坐果、抽枝展叶期，病虫开始出蛰、入侵。目前正是果树恢复树势、促梢壮花、早防病虫的时期，及时做好春季果园管理工作，将为果园优质、高产奠定基础。在做好疫情防控的同时，必须有序开展番石榴果园春季管理工作，确保防控、生产两不误。

一、土壤管理

1．果园松土

果园松土是为了改良土壤物理性状以利于根系活动，所以必须在进入春季后选择晴天全园松土一次。松土以树冠半径1/2以外为宜，深度16厘米左右。

2．增施有机肥

有机肥不仅能改善土壤的理化性状，而且大大提高产品品质，还能提高植株的抗病能力。所以每年至少应施两次有机肥。每株施用有机肥2～3公斤、复合肥0.5～1公斤，将上述肥料混匀后沿树冠下环状沟施或穴施。

二、施肥

施肥是保持土壤肥力和满足果树生长发育所需营养元素的重要措施。番石榴一年开花结果多次，挂果期长，产量高，营养消耗高。因此，应该注意加强施肥管理，以保持生长和提高土壤肥力。

1．幼树施肥

幼树施肥的目的是促进生长，快速形成高产树冠。2～3月施速效氮肥，促进新梢和结果枝的抽生。每株可施稀薄的粪水5公斤，也可施用0.5%～1%的尿素水，20～30天施一次。

2．结果树施肥

结果树的施肥要通过花果期决定，一年要施肥3～4次，一般在2～3月新芽萌发时开始施肥，在3～4月施用一次花肥，为果实开花提供充足的营养。在5月果实膨大时施壮果肥，这个阶段一般每1～2个月要施肥一次，促进果实膨大。对留有冬果或挂春果的果园，主要施壮果肥和保果壮果肥。可追施高浓度复合肥每株1.5公斤，沿树叶滴水线开浅沟随水冲施，每隔15～20天施一次。

三、修剪

春剪是一年中番石榴最重要的修剪，在春季果实采收完毕后进行。首先，疏去过密、交叉和过于下垂的枝条；其次，对直径2厘米以上的粗枝进行重剪，降低树冠高度至120厘米以内，经过1年生长，至冬季时树冠高度在200厘米以内，便于疏果、套袋等操作；最后，短截一般枝条，使树冠保持整齐。修剪后植株生长旺盛，则在坐果节位后摘心，使新梢自果实以下的叶腋萌发新梢，树势得到控制。长势弱者以扩大树冠为主，对未结果的枝梢留长30厘米摘心，促使其成为结果母枝。另外在冬季采果后，剪除枯枝、残枝、交叉枝及病虫害枝。

四、防治病虫害

1．清园

清除树上残叶、僵果，清扫地面落叶、落枝、病果和纸袋及包装废弃物，清除腐烂病树、枝，集中烧毁并深埋，力求做到全面、彻底。

2．物理、生物防治

春梢期是病虫害侵入的主要时期，又是防治病虫害的关键时期。大力推广农业防治、物理防治、生物防治病虫害技术，最大限度地减少化学农药的使用量，禁止使用不允许使用的农药，大力提倡生物源、矿物源农药。

3．喷药防治

春季主要防治介壳虫及蚜虫（为害嫩梢及幼果，影响枝梢及果实发育，并引起煤烟病）。建议使用吡虫啉。主要病害是果实炭疽病，建议使用百菌清、托布津及代森铵等喷雾预防。

第八节 黄皮春季管理技术

黄皮为常绿果树，春季是黄皮花器官的生长发育期，一般而言，黄皮1～2月现蕾、抽出花穗，4月中旬左右盛花，因此，抓好春季结果树的花期管理对后期产量的形成至关重要。

一、施肥

由于2019年冬季干旱严重导致土地板结、硬化，许多地方果农未施冬肥。开春后全省大部分区域雨水开始增多，土地逐渐湿润，因此可抓紧时间开沟重施基肥。可沿树的两旁滴水线位置开深30～40 cm、长度80～100 cm的深沟，施肥以腐熟有机肥（堆沤腐熟的花生麸、鸡粪等）和复合肥为主，注意控制复合肥的用量，避免后期过早诱发春梢（冲梢），影响产量，施肥后可立即灌水，促进肥料的有效吸收。

对于2019年冬季已施入基肥的果园，可在盛花后根据结果量和树势进行第二次施肥。由于黄皮花量大，在经过现蕾、开花等阶段后植株消耗了大量的养分，如果缺乏养分供应，幼果生长必定受阻。这一阶段施肥以有机肥和复合肥为主，适当增加钾肥的用量。如果结果较少或树势较强，要注意控制氮肥的用量，避免氮肥过量而诱发夏梢，引起落果。

二、水分管理

2月份是黄皮现蕾和花穗抽发的关键时期，对水分的需求较大，缺水则会影响花蕾和花穗抽发，从而影响后续产量。为保证黄皮结果树正常现蕾和花穗抽发，应在寒潮过后天气回暖时全园灌一次跑马水，保持果园湿润，从而促进黄皮结果树花穗抽发。在开花期如继续遇到干旱天气还须灌水1～2次。

三、保证良好授粉受精

良好的授粉受精是后续产量形成的保证，黄皮为虫媒花，有条件的果园可在花期放蜂，提高授粉率，特别是对于采用网室栽培的果园来讲，如果不能提供良好的授粉环境会大大降低产量甚至失收。果园放蜂可按照每公顷4000～5000头蜜蜂的密度进行，此外，在盛花期可配合叶面喷施0.1%硼砂加0.2%磷酸二氢钾，有助于促进花粉管萌发，提高坐果率。

四、严防“倒春寒”冻害

当前正是黄皮开花的关键节点，也正是广东“倒春寒”频发的时间节点，近年来全省一些黄皮产区（特别是北部山区）频频出现花期冻害而导致果园失收的现象，因此应注意关注天气变化，在低温来临前，可采用果园熏烟或果园覆盖（采用防寒无纺布、防虫网等材料整株或整片区覆盖）等方法预防或降低低温冻害的影响。

第九节 枇杷疏果套袋技术

2月上中旬，冻害对枇杷幼果的威胁基本解除，果实进入迅速发育期。生产管理的主要工作任务是疏果套袋。

一、疏果

单个果穗通常有6个以上的果实，疏果时，根据品种、树势决定留果个数，中庸树势的建议“解放钟”留果2～3个、“早钟6号”留果3～4个，其中枝梢粗壮、叶片多的健壮树，每个果穗可多留果1个。疏果时先疏去畸形果、病虫果、机械伤果、受冻果，留下大小一致、果型端正的果实。

二、喷药

疏果后、套袋前，全树喷药一次，建议选择700倍甲基托布津加1500倍除虫菊酯混合液，预防果实发生病虫害。

三、果袋选择

果袋一般由纸质材料制成，以耐水的重磅牛皮纸或水泥袋纸为佳，内黑外黄，双层。纸袋为长方形，大小为18～22 cm宽

25～28 cm长，依果穗大小适当调整，袋顶两角剪开，以便透气。

四、套袋

套袋时，先把纸袋充分撑开，压死顶角呈筒状，把靠近果穗的2～3片叶一并套进纸袋，以防止纸袋触及果面造成日灼。在果袋基部依序捏紧后，扎上细铁丝拧上半圈即可。套袋次序宜从树顶开始，自上而下，自内而外，分批分次完成，并根据果实大小做好记号，以方便分期采收。

第十节
砂梨春季田间管理技术

春季是广东砂梨花器官和幼果发育期，因此做好春季管理对后续产量的形成至关重要，同时春季也是砂梨种植的最适宜时期，根据当下疫情和2020年全省特殊的气候条件，春季砂梨栽培须做好如下工作。

一、种植

砂梨种植以春芽萌动前种植最好，可大大提高种植成活率。有条件的果园种植前应做好种植穴的准备工作，种植穴长1.0 m、宽1.0 m、深0.8 m，分2～3层施入基肥。回填至高出地面10～20 cm，再将碎土盖面10 cm，种植穴盘应比地面高出20～30 cm。每1 m长种植穴或每穴施入树枝、杂草30～50 kg，鸡、猪粪10～15 kg，磷肥1 kg，石灰1 kg。种植时应注意定植深度以根颈低于树盘地面1 cm。填土后在树苗周围培起直径100 cm的树盘。淋足定根水，用杂草覆盖树盘保湿，3～5天淋水1次。

砂梨多数品种自花不孕，有少数品种虽能自花结实，但单一品种种植结实率较低，因此种植时须配置一定数量的授粉树，授粉树品种要选择与主栽品种划分亲和力强、花期相同或相近、花粉量多、发芽率高、经济价值较高的品种，授粉树与主栽品种的比例以1：（5～10）为宜。

二、修剪

砂梨结果树的修剪一般在冬季落叶后完成，对于冬季未能及时完成修剪的也应在春芽萌发前完成。初结果树轻剪缓放多留枝，除中心干及主侧枝的延长枝适度短截外，其余枝条多缓放、少短截。盛果期树修剪，注意更新侧枝、培养结果枝组，删除从主枝、亚主枝向上（背部）部分的芽抽发出的徒长枝，疏除衰弱枝、密生枝、徒长枝、枯枝。对主枝、亚主枝先端直径1.0～2.0 cm的部位实行回缩修剪，长果枝可进行重短截，保留基部2～3个叶芽。

三、花期水分管理

1～3月是广东砂梨花器官的生长发育期，对水分的需求较大，缺水则可能导致花器官发育不良或畸形，不利于后期授粉受精和坐果。应在寒潮过后天气回暖时全园灌一次跑马水，保持果园湿润，以利于结果树现蕾。在开花期如继续遇到干旱天气还须灌水1～2次。

四、保证良好授粉受精

良好的授粉受精是后续产量形成的保证。对于没有配置授粉树的果园，有条件应当进行人工授粉，可提前采集授粉品

种的花粉或购买商业花粉，在果园开花时用毛笔蘸取适量花粉直接点扫雌蕊柱头。对于配置授粉树的果园，可在花期采用果园放蜂提高授粉率，可按照每公顷4000～5000头蜜蜂的密度进行。此外，在盛花期可配合叶面喷施0.2%硼砂，有助于促进花粉管萌发，提高坐果率。

五、疏花疏果

梨树花芽容易形成，开花坐果率较高，常因坐果过多、消耗养分过大而不能抽生良好的新梢，以致营养不良，不能形成花芽，出现大小年结果现象。因此，疏去多余的花、果，调节生长和结果的矛盾，是防止大小年、达到丰产稳产优质的有效措施。

疏花以花序伸出到初花为宜。疏花宜疏弱留强，疏长、中果枝的顶花芽，留短果枝的顶花芽；疏腋花芽，留顶花芽；疏密留稀、疏外留内。但树冠顶部和强壮直立的徒长枝条，为了防止发生上强现象，可采用拉枝抑制顶端生长优势、不疏花和少疏花，达到以果压枝的效果。

在疏花的基础上，对坐果较多的树还要实行疏果。疏果时期，自第一次生理落果后开始25天内完成。弱树、果多的树，早疏狠疏；旺树、果少的树，晚疏少疏。内膛弱枝，多疏少留；外围强枝，多留少疏。做到留大果，疏小果；留好果，疏病虫果、畸形果；留果形端正的边果、侧向果，疏中心果。最后叶：果保持在（25～30）：1，同时结果枝上果实间隔不小于20 cm，以20～25 cm为宜。

六、果实套袋

疏果完成后，果实直径3 cm左右进行套袋，套袋前全园喷一次对果皮无刺激或刺激性小的杀菌、杀虫农药。建议使用以下农药：70%甲基托布津1000～1200倍、80%多菌灵可湿性粉剂1200～1600倍、10%世高可分散粒剂3000倍液、15%粉锈灵可湿性粉剂500～600倍液、10%吡虫啉可湿性粉剂1500～2000倍液等。谨慎使用铜制剂、福美类、代森锰锌等药剂。药液干后即可进行套袋，套袋在喷药后3天内完成。套袋宜选择双层遮光袋（内层黑色），套袋顺序按先上后下、先内后外的原则。

第十一节
板栗春季田间管理技术

春季是广东板栗花器官发育期，也是广东板栗种苗繁育和种植的适宜时期，因此做好春季管理对后续产量的形成至关重要。

一、种苗繁育

广东省板栗春季嫁接的适宜时间在春芽开始萌动的2月中下旬至4月上旬，其嫁接成活率在95%以上。接穗应选自健壮的良种母树，枝条充实健壮、节间短、芽饱满的一年生结果母枝或发育枝，禁用细弱枝，以随采随接为最佳。嫁接时推荐使用单芽切接或双芽切接。

二、种植

在广东地区板栗从落叶后到次年春芽萌动前都可以种植，由于板栗一般都种在山坡地，极少有灌溉条件，加之2019年全省秋冬季极度干旱，冬季种植会严重影响成活率，因此大部分果农选择开春种植。可密切注意天气变化和掌握苗木春芽的萌动情况，当气温回升到15℃左右、降一次中等大小的雨水后抓紧种植。既可以做到在春芽萌动前种植，又可以大大提高种植的成活率（成活率可达95%以上）。

选用优良品种、优质果苗是板栗种植成功的关键，过去广东省板栗栽培品种多为中迟熟品种，上市期间容易受省外优质栗果的冲击，市场竞争力差，因此建议加大力度发展早熟优质板栗品种。目前适合广东省发展的早熟品种有河果1号、早香1号、早香2号、农大1号等。

板栗是异花授粉植物，同一品种或同品系的自花粉授精能力弱，坐果率极低，每个总苞的栗果数也较少，不同品种间的授粉坐果率远高于自花授粉。为了有效提高产量，减少空苞率，必须配置授粉树，这是板栗高产栽培的关键措施之一。此外，板栗花粉直感现象明显，以大果型的品种作为授粉树比以小果型为授粉树所结的果有明显的增大的倾向。板栗授粉树应选择雄花开放期与主栽品种雌花花期相遇的大果型品种。授粉树与主栽品种的比例以1：（5～10）为宜。

种植前首先将苗进行分级，然后将大苗与小苗分别种植，以确保种植后的树体生长比较一致。注意解除未解绑的苗木，把大根的伤口剪平后进行打泥浆，种植穴中间的土尽量打碎，以便与根系能较好接触。植后淋足定根水，并用草覆盖树盘。

合理密植可以充分利用土地、阳光、空间和叶片的光合效率，从而达到丰产稳产的目的，是提高板栗前期单位面积产量的有效措施。应根据栽培品种的特性、各自的地力和栽培管理水平的高低来决定种植密度，在土壤比较肥沃、管理水平较高的果园株行距可选用4米×4米、每亩栽植40株或4米×5米、每亩栽植33株，采用密植栽培的果园株行距不能低于3.5米×4米、每亩栽植47株。

三、施肥

幼树期施肥以勤施薄施为原则，有机肥与氮肥为主，磷、钾肥相结合，新梢抽发前根据树的大小施0.05～0.15公斤尿素，展叶期施1%腐熟花生麸水+0.2%尿素或腐熟鸡屎水3%～5%+0.3%～0.5%碳胺或人粪尿。

结果树花期追肥：在春芽萌动前后施用，对增加板栗雌花数量、减少空苞、促进春梢生长均有较好的效果。成年树每株施N∶P∶K＝15∶10∶15的复合肥1～1.5公斤+1斤花生麸量腐熟的水肥。在缺硼地区可以加施0.05～0.1公斤的农用硼砂。

四、花期水分管理

板栗花器官的生长发育期对水分的需求较大，缺水则可能导致花器官发育不良或畸形，不利于后期授粉受精和坐果。应在2月份寒潮过后天气回暖时全园灌一次跑马水，保持果园湿润，以促进结果树花芽萌动。

第十二节 百香果春季田间管理技术

一、新园地整地与搭架

百香果主要分春秋两季，春植以2～4月最佳。以新植地为例，须提前备好种苗、农药、肥料、防草布等农资以及做好排水沟疏通等前期准备工作。2月中旬可开展园地整地与搭架。

整地前先清园，即清除果园杂草、枯枝败叶、落地烂果及销毁疑似感染病毒病的植株等，方便日后管理。清园后配制石硫合剂对百香果园进行全园喷雾，以杀菌灭虫及杀螨。根据种植密度与搭架方式进行开沟整畦。种植密度以亩栽80～120株为宜，篱笆式可适当密植。搭架方式有平顶式、篱笆式、“人”字形、“门”字形、弓形、T形等。棚架高度以2.0～2.2米为宜，棚架材料可选用水泥柱、石柱、木柱、竹竿、铁线、尼龙绳等。搭建架式的立杆一般埋地深度为40～50厘米。

二、种苗选择与管理

目前广东省商业栽培种主要是紫果西番莲、黄果西番莲和一些紫黄果杂交种，以嫁接苗、扦插苗为主，少量种植实生苗。其中紫果品种相对耐寒，而黄金果略不耐寒，建议根据当地实际选择适宜品种。优先选择有优良种苗经营资质的苗场，购买根茎健壮、无病百香果苗，切莫贪新、贪便宜。

条件许可的话，建议购买百香果小苗，在炼苗棚换杯育苗，至3月中下旬回暖后，再将大苗下地定植，减少冻苗风险，提早上市。注意炼苗棚内气温应保持在15℃以上，湿度约60%，必要时可在棚内再覆盖一层农膜保温。每7～10天，可使用多菌灵、壮根肥及复合肥等，对“换杯苗”进行叶面喷施和浇灌。如小苗已经生长至40～50厘米，需要尽早插杆、绑枝固定，可适当打顶，避免藤蔓攀爬缠绕增加移栽难度。

三、旧园修剪与果园管理

对于管理较好、树体健康病害少的果园，可以考虑留二年苗。应抓紧时间，在早春萌芽做好修剪，以抑制枝条旺长、促发嫩芽、改善光照等。根据不同棚架方式，一级蔓保留的数量有所不同。单线篱笆式每株留2条一级蔓，多层篱笆式和平架式根据爬藤铁线数量，每株留4～6条一级蔓；每条一级蔓可留5～8个健壮叶节，其余枝条全部剪除，集中深埋或者销毁。一级蔓萌发新梢后每株选留10～16条粗壮的枝蔓作挂果母枝，其余株芽全部抹除。修剪后，进行清园工作并配制石硫合剂对百香果园进行全园喷雾，杀菌灭虫及杀螨。

二年生果园要注意根系养护，清园后适当增施有机肥、钙镁磷肥和氨基酸水溶肥，以促发新根和新芽，强壮树体。避免农事操作时机械伤到茎基部，避免雨季易发的茎基腐病。二年苗要重点防治病毒病，建议每隔2周喷淋氨基酸寡糖、宁南霉素、吗啉胍等。提前防治蓟马、蚜虫和地下虫害等。4月后如正值花期，应该加强钾肥、硼肥和其他中微量元素肥料的补充。

第十三节
火龙果春季栽培管理技术

火龙果为多年生果树，气温条件适宜的情况下，火龙果一年四季均可种植，但更偏向于春季种植，气温稳定在13℃以上即可萌芽生长。如田间栽培管理措施得当，可以实现一次种植多年开花结果。

一、苗木选择

目前火龙果种苗以扦插苗为主。选择健壮、无病虫害1～2年生茎段为30～60 cm的苗木，将其基部削除2厘米左右的肉质，留下中间的木质部，这样可增加生根数量。置于阴凉通风处晾干3～5天，待切口处干燥、伤口愈合即可。处理好的茎段可直接种植大田或扦插于苗床中。苗床要保持疏松、透气、湿润，苗木入土不宜过深，否则容易腐烂。扦插初期不宜浇水过多，以保持土壤湿润即可，使用多菌灵等广谱杀菌剂处理一次。待苗木长出新根便开始施淡水肥，条件允许的情况下可以只保留一个饱满的芽点，其余芽点抹掉。

二、选地建园

①土壤。火龙果对土壤质地要求不高，黏土、沙壤土均可种植，但不同类型的土壤对植株生长和产量影响不同。富含有机质、微酸（pH=5.5～6.5）及排水良好的沙壤土最为适宜，植株生长旺盛，产量高，品质好；而在排水差、土壤贫瘠的黏重土壤易造成植株生长缓慢甚至烂根死苗，忌涝洼地建园。

②整地。每亩施鸡粪或牛粪1500～2000 kg（充分腐熟），掺入谷壳灰1000 kg，氮磷钾复合肥80～100 kg，并根据地下害虫情况，辛硫磷杀灭，深翻30 cm，使药肥均匀施入土壤并耙平。以马鞍形南北向起垄，垄宽0.8～1.5 m，沟深20 cm起垄整平后备植，排水条件差的地块须起高垄种植。

三、种植方式与定植

1. 排式（A形架）

株距30～50 cm，行距2.5～3 m，每株火龙果苗用1根竹竿绑住、向上牵引生长至柱顶的钢筋，以横拉的钢筋为支撑，使枝条下垂生长。

①A形架制作：用直径15 mm、长1.8 m的两根钢管交叉形成底宽1.3 m、高1.6 m的三角形，三角形顶部每根钢管交叉延伸10 cm，在交叉部垂直于底部约60 cm处横一条直径15 mm、长60 cm的钢管，各个交叉点处用打孔穿螺杆固定或电焊焊接；种植行内每隔5 m设立一个A形架。

②三脚架制作：用直径20 mm、长1.8 m两根钢管按A形架制作方式做一个A形架，再用一根同样长度的钢管焊接到A形架上形成三脚架，三脚架固定在种植行两端，高度与A形架等高。

③支柱制作：用φ15 mm镀锌钢管锯成1.8 m长支柱，支柱设在每两个A形架之间，支柱与A形架等高。

④拉钢绞绳：A形架、钢管和三脚架顶部拉一条钢绞绳，并通过地牛固定在每种植行两端，地牛深埋1.3 m，用加厚的水泥砖块固定。

⑤拉钢线：在A形架、三脚架两边，横杆交叉点各拉一条钢丝。

⑥绑定：最后用铁丝把“钢线与A形架、三脚架”绑好固定，完成A形排架搭建工作。

2. 柱式

立起一根水泥方柱（或木柱，目前少部分种植户使用），以柱为中心，周围种植3～4株火龙果，让植株沿着柱向上攀爬生长。制作水泥柱及水泥圈（钢圈、橡胶圈）。水泥方柱规格为10 cm×10 cm×210 cm，柱内放1～2根6 mm粗的钢筋。水泥圈的制作：水泥柱顶部延长一段6 cm×6 cm×10 cm的正方柱；制作含4个穿孔、直径50cm的水泥圈，水泥圈中间留6 cm×6 cm×10 cm的柱孔，便于固定在水泥杆顶部的正方柱上，支撑火龙果枝条下垂生长。钢圈或橡胶圈的制作：水泥柱柱顶预留2对直径6 mm的小孔，交叉穿2根60 cm长钢筋，固定1个直径50 cm的钢圈或橡胶圈。种植柱间距为3 m×2～2.5 m，每亩立柱85～110根，南北走向，水泥柱埋入地下深度为50 cm，把土压实。

3. 定植

尽量靠近柱（或竹竿）定植，便于以后绑苗。种植时注意宜浅不宜深，以表土盖严根部即可。淋足定根水，一周后淋

水，保持土壤湿润。防止种苗须根接触有机肥料，以免造成烧根。适期进行绑苗和修剪，当苗长至横拉的钢筋时，让其下垂以提早开花结果。

四、整形修剪及人工补光（具备条件的果园）

1. 整形修剪

①新种植果园。定植幼苗开始生长时，应及时用布条或塑料绳把主茎绑在支撑柱上。当主茎超出架面50 cm左右时，及时摘心，侧拉并水平绑缚于架面以促发侧芽。侧芽萌发后，进行合理疏芽，当年选留均匀分布的侧芽4～6个，当选留的侧芽长到一定长度时，结合人工拉枝、扭枝使其下垂，根据具体枝条分布情况，依次绑缚在架面的左右两边作为结果枝，待到枝条长至距离地面30 cm进行打顶，枝条老熟即可开花结果。进入结果期后，应及时剪去枝条上萌发新芽，保证营养供应。于秋季，在架面的主枝上继续选留秋芽4～6个。

②2～3年以上果园。根据果园枝条数量情况，春季从架面的主枝上选留一定数量的春芽，确保单株枝条数量在8～12条，每隔7～10天疏除萌生的新芽1次。

2. 人工补光

二年生以上果园，上一年秋季留芽的枝条已经老熟、单株枝条数量在10个以上，枝条饱满、养分充足、树势粗壮，具备以上条件的果园可进行人工补光诱导春季提早开花。于3月上中旬至4月下旬开启人工补光设备。光源为LED黄光等15～20 W，补光时段为18：15—22：15。LED光源距离火龙果架面高度30～40 cm，光源间距为1.3～1.6 m。

五、水肥管理

1．施肥

火龙果生长量比常规果树要小，施肥以少量、多次，薄肥勤施原则。此外，火龙果的根系主要分布在表土层，施肥应采用撒施法，忌开沟深施，以免伤根。

①幼年树（1～2年生）以施氮肥为主，促进树体生长。于2月中下旬开始，每月施复合肥单株25～40 g。

②成龄树（3年生以上）于2月中下旬施入有机肥，每株4～5 kg；复合肥（15∶15∶15）每月每株50～60 g。

③人工补光进入开花结果期的果园：复合肥（N∶P∶K=10∶5∶15）每月每株50～60 g。开花结果期间增施钾肥、镁肥、过磷酸钙，以促进果实糖分积累，提高品质。果实生长期加施微量元素，每周喷施1次叶面肥，采收前至少10天停止施肥。

2．水分管理

火龙果虽抗旱能力强，但在温暖湿润、光线充足的环境下生长迅速。树盘用菇渣、中药渣、稻草、甘蔗叶等覆盖有利于保水。干旱季节须每2～3天灌溉1次，以保持土壤湿润，使其根系保持旺盛生长状态。雨天注意排涝，防积水，避免细菌、真菌感染。2019年冬季持续干旱，田间灌溉系统差的果园出现枝条失水干瘪，应在气温稳定回升之时及时补充灌溉，同时结合施肥，尽快恢复树势。

六、病虫害防治

春季易受蜗牛、蚂蚁、斜纹夜蛾及介壳虫危害，可用杀虫剂防治。其中，蜗牛建议使用四聚乙醛、石灰等，介壳虫建议使用吡虫啉等，斜纹夜蛾建议使用乙基多杀菌素、核型多角体病毒、阿维菌素+氯虫苯甲酰胺、氯氰菊酯等。

火龙果已记载发生的病害有17种，如炭疽病、枯萎病、黑斑病、茎枯病、茎斑病、果腐病、溃疡病、软腐病。其中，溃疡病危害较为严重，一些管理不善的果园甚至遭受毁灭性打击。根据溃疡病这种真菌病害生物学特性、病原菌流行传播方式，即春季气温回升到8℃以上，遇雨后溃疡病的病原菌产生分生孢子，此时预防重点为保护幼嫩新梢，防治方法喷施石硫合剂或铜制剂。同时在雨水来临季节，建议连续喷施多菌灵、百菌清等光谱性杀菌剂，预防病害发生。

第十四节
菠萝春季种植管理

春季是菠萝生产的重要时节，但不同产区因种植习惯不同，春季的种植、管理有些不同。

一、湛江产区

湛江菠萝产区以反季节种植为主，春季工作主要是结果株的采前管理与采收上市，以及新种植菠萝的水肥管理。

1. 结果株菠萝

处于小果期的菠萝果实要加强田间水肥管理，以增施有机肥为主。但注意不要使用膨大剂、催熟剂，让菠萝果实自然成熟，保障果实品质。成熟的菠萝果实要适时采收，能卖尽早卖。

2. 新植菠萝

2019年秋冬季新植的菠萝，已经长好根的植株要适当施肥，施肥最好以根施为主，施肥后要注意淋水，不要过多喷施叶面肥。水肥一体化种植的要注意增施有机肥。

还未长好根的植株，要等长出根后再开始施肥，施肥也要以根施为主，施肥后要注意淋水，要注意施有机肥。

二、汕尾、揭阳、中山及其他产区

汕尾、揭阳、中山、肇庆、广州市郊等菠萝产区以正造种植为主，春季工作主要是菠萝的新种植，以及菠萝植株催花与花果管理。

1. 菠萝的新种植

气温回升后，3月是汕尾、揭阳、中山、肇庆、广州市郊等产区种植菠萝的主要时间段，要及时整地、种植。菠萝种植地选择以带有一定砂质的缓坡地为好，坡度较高的应修筑梯田；水田或排水不畅的低洼地不要用来种植菠萝。种植时要注意选择壮苗，以没有病虫害、长度35厘米以上的吸芽苗为好。种植时采用双行植，卡因类菠萝株行距35厘米×40厘米，皇后类30厘米×40厘米，最好进行地膜覆盖种植。要注意种苗消毒，施足基肥（亩施腐熟有机肥2000～3000斤、磷肥300～400斤）。

2. 催花及花果管理

2019年春植或2018年秋冬植的菠萝植株，待气温回升后会自然抽蕾，如果未自然抽蕾，可选择催花。催花前1个月，菠萝植株应注意停施化肥，尤其是要停施氮肥。催花宜选择晴天下午3时后进行，卡因类菠萝催花要注意乙烯利浓度，可采用“二步”催花技术。催花后2小时内遇雨要重新催花。

菠萝植株抽蕾后，要注意加强水肥管理，增施有机肥、增施钾肥（如硫酸钾复合肥）。施肥后要适当淋水。抽蕾、开花期间如遇连续降雨，要及时喷施杀菌药。果实生长期注意不要喷施膨大剂与催熟剂。

要注意预防“倒春寒”对菠萝果实生长的影响，要注意减少化肥尤其是氮肥的施用，增施有机肥，及时淋水；可喷施磷酸二氢钾叶面肥，采取网纱、塑料薄膜覆盖防寒。要注意预防“春旱”对菠萝果实生长的影响，如果叶片出现因干旱变黄要及时淋水，保障菠萝果实生长发育。

3. 注意事项

春季如果雨水天气较多，地势较低洼的菠萝地要注意及时排干积水。

第十五节 红江橙春季管理技术

春季是柑橘抽发新梢和开花结果的关键时期。由于2019年秋冬季发生罕见的连续干旱天气，大部分柑橘园受旱严重，加上新冠肺炎疫情等影响，农户推迟采收，造成柑橘树树势衰弱，开花质量也普遍较差。因此加强春季管理尤显重要。

一、清园

对还没清园或没彻底清园的橙园，立即进行一次彻底清园，减少越冬病虫侵染源。重点清除柑橘螨类、木虱、蚜虫、蓟马，以及溃疡病和炭疽病等病虫源。目前，粤西地区大部分红江橙已露芽，要避免使用对新梢及花蕾有伤害的农药。推荐使用20%松脂酸铜700倍+10%联苯•吡虫啉1000倍。

二、水分管理

目前橙园普遍干旱缺水，有条件的立即灌跑马水一次或通过滴灌滴水，以后按树体需要和雨水情况及时做好排灌，保持土壤湿润不渍水。同时，开通橙园的排水沟，防止春夏季多雨积水引起的烂根，进而影响橙树生长甚至引起落花落果。

三、施肥管理

1. 幼树施肥

由于2019年秋冬季的连续干旱，容易造成幼树春梢短弱甚至以花蕾为主，故2020年幼树的春梢肥应合理增施速效氮肥（如尿素），促多抽发营养枝。幼树施肥以勤施薄施为宜，攻梢肥于放梢前10～15天施，以速效氮肥为主；壮梢肥则在新芽3厘米至自剪时施，以三元复合肥（15∶15∶15）为主。

2. 结果树施肥

结果树春季主要施春梢肥和谢花肥，催抽发新芽、壮蕾壮花和提高坐果率。

①春梢肥：在春梢萌芽前约15天（一般2月上中旬）施春梢肥，以速效氮肥为主，配合磷、钾肥或腐熟有机肥。施肥量因树因园而定，以便控制春梢长度利于保果。一般可按树体大小、树势强弱，株施尿素0.3～0.5公斤、三元复合肥（15∶15∶15）0.2～0.3公斤。

②谢花肥：在开始谢花时施谢花肥，合理施用能显著提高坐果率。以复合肥为主，适当增施钾肥，控制氮肥。施肥量视树势强弱、花果量而定，还要注意控制夏梢的萌发。例如，一般株产25公斤左右的树，在保证有机肥的基础上，可按树势强弱施三元复合肥（15∶15∶15）或高钾三元复合肥0.3～0.5公斤/株为宜。另外，夏梢期幼果所需的养分，可采用根外追肥补给。

施肥应在树冠滴水线附近开浅沟施或撒（淋）施。同时，要在土壤湿润的条件下进行，若遇干旱施肥要结合灌水（有滴灌系统的结合滴水滴肥），没灌溉条件的可先采用根外追肥喷

施叶面肥补充营养。

四、合理整形修剪

整形修剪主要是针对幼树，幼树以培养早结丰产树冠为主要目的。在春梢抽发新芽前，对幼树中上部徒长枝、壮旺长枝进行合理短截整形修剪，促进分枝和减少花量，有利于营养生长。同时，在花蕾期对抽发带花蕾春梢合理短截，以减少花果对树体营养的损耗。

五、保果及防裂果

红江橙是易裂果柑橘品种，因此要根据不同果园树体的具体情况采取保果及防裂果措施。

①在现蕾到开花前叶面喷1～2次中微量元素叶面肥（如硼、镁、锌等），并地面撒施1次石灰或钙肥（可株施石灰0.5～0.75公斤或钙镁磷肥0.75～1公斤），有利于提高花质。

②在谢花约90%时喷3%“920”600～800倍加叶面肥（如0.2%磷酸二氢钾）1～2次（普通红江橙喷1次即可，无核或少核红江橙可隔15～20天喷第2次）。不适宜喷“920”的壮旺树可叶面喷施爱多收4000加叶面肥（如0.2%磷酸二氢钾）1～2次（隔15～20天喷第2次）。

③在第一次生理落果期叶面喷施1次2%细胞分裂素1000倍加亚磷酸钾叶面肥1000倍；在第一次生理落果期结束时叶面喷施1～2次（隔15～20天）0.004%芸苔素（云大120）2000倍（或5%防落素2500倍）加亚磷酸钾叶面肥1000倍。

④环割保果。生长旺盛树在第一次生理落果将结束时环割

一次，开花少的树可适当提前环割。落果严重的壮旺树或在异常阴雨天气、光照不足的情况下隔15～20天可环割第二次。

⑤及时疏春梢和摘（控或杀）夏梢。在现蕾至春梢转绿前适当疏除部分过旺的无花春梢和落蕾落花春梢，以减少养分的消耗，提高坐果率。在植株谢花之后至初夏季节可通过控制速效氮肥施用来减少早夏梢的萌发，结合环割保果对抑制夏梢也有一定效果。也可使用植物生长调节剂控制夏梢生长，可在春梢转绿期叶面喷施15%多效唑300倍（或25%多效唑500倍）加亚磷酸钾叶面肥1000倍1～2次（隔15～20天）。

⑥幼果期（5～6月）叶面喷施2～3次0.3%硝酸钙（隔15～20天喷1次），对防裂果有较好效果。

六、及时防治病虫害

在春梢生长期和幼果发育期重点做好柑橘红蜘蛛、锈蜘蛛、木虱、花蕾蛆、蚜虫、蓟马，以及灰霉病、溃疡病、炭疽病、黑点病等病虫害防控工作。要注意农药的选择和使用浓度，避免使用对新梢及花蕾有伤害的农药。

①柑橘红蜘蛛、锈蜘蛛可选用哒螨灵、丁氟螨酯、氟啶胺、宝卓（30%乙唑螨腈）、阿维菌素-螺螨酯等杀螨剂。

②木虱、花蕾蛆、蚜虫、蓟马等可选用联苯•吡虫啉、高氯•毒死蜱、噻虫嗪、吡虫啉、20%灭扫利等。

③灰霉病、炭疽病和黑点病可选用苯醚甲环唑、咪鲜胺、丙森锌•多菌灵、吡唑醚菌脂、醚菌脂、代森锰锌等。

④溃疡病可选用松脂酸铜、噻菌铜、喹啉铜、噻霉铜、噻唑锌、春雷霉素等。

第十六节 芒果春季管理技术

春季是芒果生产管理的关键时期，花序的发育和开花以及小果的形成皆在这个时期。因此，春季的中心工作是保护花序的正常发育和授粉受精的顺利进行，减少落花落果，促进小果的生长发育。

一、加强肥水管理

1．幼树施肥

每次新梢抽梢时期，主要施氮肥和磷肥。每次施复合肥20～50 g，幼树施肥以勤施薄施为宜。

2．促花肥

开花前进行叶面追肥，促进成花质量，如树势健旺，此次肥可不施。对在春节前后进行摘花的果树和因管理跟不上至今未萌动的果树，2月中旬继续用1%～2%的硝酸钾喷布树冠进行促花。

3．壮花肥

在开花后期，因大量开花和坐果营养消耗大，应及时适当施用以氮、钾为主的肥料，以植株5%的末级梢现蕾时开始施肥为宜。少花树或强壮树可少施或不施，开花结果多的则依树势强弱而决定施肥量。一般10年以下树每株施尿素、钾肥各0.2～0.3 kg或复合肥0.2～0.3 kg，硫酸钾、硫酸镁、硝酸钙各0.2 kg，并结合盛花期叶面喷硼酸等叶面微肥，促进授粉受精，提高坐果率。花量大的芒果树在谢花后应该及时施1次尿素、人粪尿等速效肥料，或者结合喷药防病虫喷0.5%～1%的尿素或硝酸钾作为根外追肥。结果少的树可不施氮肥，只补充钾肥，依树龄大小，每株施钾肥0.3～0.5 kg。天气干旱和没有灌溉条件的，建议以叶面喷施为主。

4. 壮果肥

在果实横径3～4 cm（谢花后约30天，小鸡蛋大）时进行。从此时起至收获前，每10天追肥1次，施用氮、磷、钾肥料或者是根外追肥。初产树每株施复合肥0.2～0.3 kg，钾肥0.15～0.2 kg，并可以结合病虫防治喷施叶面肥2～3次，一般用0.2%～0.5%的磷酸二氢钾或者其他叶面肥；盛产树株施复合肥0.5～1 kg和硫酸钾0.3～0.5 kg。在幼果期注意叶面喷施硼、钙肥，增强果实抗性，促进果实正常生长。

5. 灌水

开花坐果后4～6周，果实迅速膨大期需要大量水分，缺水将抑制小果的生长，严重时加重落果。因此，在开花后果实膨大期间遇到干旱的天气时，须及时灌水。结合施肥，在开初花期前给树盘灌水1次，每株淋水100～150 kg；在两性花开放期如遇到高温热风天气，每天上午10时前和下午5时后给树冠喷水降温，提高坐果率。

二、做好促花、保花、疏花、疏果及控梢工作

1. 花期饲养授粉昆虫

芒果花蜜少，蜜蜂也少，主要靠家蝇授粉。因此，开花期应在果树行间沤肥，引诱家蝇前来授粉。芒果开花前做好引苍蝇入园，开花期遇高温时做好土壤保湿和树冠喷水（选上午10时前或下午4时后喷）等工作，以提高坐果率。在芒果谢花后，结合坐果期的病虫害防治，全园进行苍蝇杀除。

2. 促花

因营养生长过旺，或其他原因引起不开花的植株，可采用环割的措施，促使枝梢积累足够的光合养分，促进花芽分化和开花。具体方法：芒果树花芽分化期，在其主干光滑处环割，割口宽1.5 mm，然后在割缝均匀涂抹杀菌杀虫等药剂，直至渗入缝隙即可。树势强的多环割两圈。此措施可促进花芽分化，使果树的生长机能向生殖机能转化，控梢促花，有效提高坐果率，且不伤害树势，各地已广泛推广使用。

3. 适时疏花

在遇到开花季节天气温暖少雨、花量过大的时候，必须尽早疏去过多的花。在疏除花时，选择花序中等长度，花期相近且健壮的花多留。对于过大的花序进行短截，留下1/3～2/3，或剪去花序基部1/3～1/2的侧花枝，短截宜早不宜迟。同时花序伸长至5～10 cm时，末级梢抽花率大于80%的树应保留60%左右，适当疏除荫蔽部位的花序和弱小、过密的花序。

4. 摘除花上的小叶片和夏梢

抽生较迟的花有叶片混生其中，混合花序上的幼叶影响花序发育和花器质量，在天气温暖的地区应该及时摘除花上的小叶，仅留下小花。当幼叶初展开时，从叶身基部摘除，只留下叶柄。对于坐果率不高的品种，为防止生理落果的加剧，在夏梢长到3～5 cm时应人工摘除。

5．药剂保花

盛花期用50～70 mg/kg防落素+0.3%硼砂喷施。谢花后用10～15 mg/L萘乙酸钠或50～100 mg/L赤霉素，每隔15天喷1次，共喷2～3次，对提高坐果率有一定作用，也可以在喷施保果药剂时加入适量的硼、锌等微量元素。或在谢花后2～3周用30～50 mg/kg“920”加0.3%尿素喷施。

6．及时疏果及修剪果枝

疏果在谢花后15～30天内完成，即第一次生理落果后到第二次生理落果前进行。每条花序留2～4个小果，选留顶花序或者侧花序先端果形较大、色泽嫩绿的果实。一般情况下，每花序第一次疏果可以多留1～2个果实，稍后再补充进行疏果，补充疏果时应及时疏去畸形果、病虫果、过小果及无胚果。同时，应剪除影响果实发育的花梗与枝条，对不开花或开花不结果的枝条可从基部剪除，或5月以后短截，促进抽梢，培养来年的结果母枝。

7．果实套袋

套袋可以起到防止害虫侵害、减少病害感染、降低机械损伤、提高果实品质的作用，同时还可以减少喷药次数，降低农药残留，也是生产绿色果品的重要措施。套袋时间一般于第二次生理落果后、果实生长发育到鸡蛋大小时进行。套袋前要进行一次喷药防病，应该是当天喷过药的树当天套袋完毕，以避免病菌再度侵染。

三、加强病虫害防治

气温上升后，提前做好病虫害的预防工作，通过增施有机肥、平衡施用磷钾肥等措施以提高果树的抗病虫能力。修剪过密枝条，清除果园杂草，剪除树冠上的病虫枝，改善通风透光条件。鼓励采用黑光灯、诱虫灯、色板、防虫网等物理装置及设施诱杀鳞翅目、同翅目害虫。保护果园天敌，优先使用微生物源、植物源及矿物源等对天敌、授粉昆虫等有益昆虫杀伤力小及环境友好型的低毒性药剂，避开天敌对农药的敏感时期施药。主要防治对象有：细菌性角斑病、炭疽病、白粉病，以及蓟马、尾夜蛾、短头叶蝉、毒蛾、蚜虫等病虫害。

1. 芒果炭疽病

主要为害嫩梢、花序和果实。湿度高时易发病，高温多雨季节尤甚，对芒果危害严重，防治方法以喷药防治为主。可选用25%苯醚甲环唑或咪鲜胺1500倍液、25%代森锌400倍液、75%百菌清500倍液、70%甲基托布津1000～1500倍液，在花蕾期每隔10天喷1次，连续2～3次；小果期每月喷1次，连续2～3次；抽梢期自萌芽开始每隔7～10天喷1次，连续2～3次。

2. 白粉病

选用乙醚酚1000～1500倍液、15%酮烯唑乳油或乐无病粉剂等药剂，在初花期结合防治炭疽喷药，每隔7～10天喷1次，连喷2～3次，药剂交替使用。

3. 蓟马

一是在抽梢、花期、幼果期用50%吡虫啉可湿性粉剂3000倍液，或1 ml/L的20%烯啶虫胺（水分散粒剂），或2.5%高效氯氟氰菊酯（功夫）2000倍液，或1.8%阿维菌素乳油2000倍液喷雾防治；二是悬挂黄色或蓝色粘板于花穗附近进行粘杀。

4．花瘿蚊

在花序抽生期至始花时选择啶虫脒、吡虫啉、阿维菌素等交替进行2～3次树冠喷药防治，谢花时再进行1次化学防治。同时选用啶虫脒、吡虫啉、阿维菌素等进行地面喷雾，用辛硫磷和细沙或干黄泥制成毒土撒施地面，不留死角。

第十七节 青枣春季管理技术

青枣成熟期在每年的11月至翌年3月，果实大多在元旦到春节期间采摘上市。少量在春节后成熟的果实，应抓紧采收上市，以免果实过熟、肉质变松、风味变差、售价下降。果实采摘后，应加强春季修剪、施肥、灌溉、整形、保梢等管理工作，为2020年的高效栽培目标打下良好基础。

一、修剪

青枣枝梢生长量大，再生力强，每年都要更新修剪一次，才能生产个头较大的果实。二年生以上的青枣树，于2～3月秋花果采收后，将主干保留0.6～1.0米处锯断，用薄膜包扎断口。不进行品种更新的果园，诱发侧芽生长后，选择保留粗壮、生长位置良好、导向四周的3～4个枝条（一级分枝）作新主干，其余过多的枝条全部剪去。品种更新的果园，可采用切接法，在锯断的主干上，嫁接新品种、新株系2～3个芽，嫁接成活、枝梢老熟后，保留枝桩20厘米短截，待二次新梢长出后，保留位置适当、生长粗壮的一个枝条或相反方向的2个枝条作新主干，其他枝梢全部剪去。

二、施肥

青枣生长快，结果多，需肥量大，如肥料不足，难以达到丰产优质效果，春季要重施基肥，施肥量约占全年的50%。修剪后，在树干两侧开施肥沟各一条，每条沟施腐熟禽畜肥约10～15公斤、花生麸肥1公斤、磷肥0.5公斤、硼砂30克，并与土壤拌匀，回填土壤将施肥沟起畦，高出地面5～8厘米。

三、灌溉

3～5月是雷州半岛青枣区的旱季，修剪后应加强灌水，每月2～3次，并用杂草覆盖树盘以保持水分，以利于培养结果树冠。5月之后的多雨季节，应注意果园排水。

四、整形

青枣生长量大，再生力强，喜阳光，因而应加强整形，使其枝条稀疏、方能生产优质大果，通常采用“棚形”或“开心形”整形。

1. 棚形

该树形通风透光好，容易疏果套袋，生产优质大果实。搭棚时先顺行每隔2米左右，竖立2米高的水泥支柱（或粗木棒），在柱顶上拉铁丝或架竹竿作为棚架。修剪更新后培养的每个新主干，用竹竿或木棒作支柱固定，让其直立生长，上棚后让其抽生主枝，缚于横向的铁丝（或竹竿）上，让其水平生长。其后，使其抽生2～3级分枝或侧枝开花结果。

2. 开心形

该树形通风透光好，产量高，整形易。整形时，修剪更新后培养的每个新主干老熟后，保留枝桩20～30厘米处将其剪断、促发主枝，待新梢萌发后，在每个新主干的各个方位、选择保留3～5个健壮的枝条作主枝，其余枝梢全部剪除，同时对各主枝用竹竿或木棒作支柱固定。其后，剪除徒长枝、细弱枝，选留主枝上萌发的斜生分枝作分主枝，其上抽生的2～3级分枝或侧枝，用作开花结果。

五、保梢

青枣树冠更新后，应加强枝梢保护，防治红蜘蛛和毒蛾。红蜘蛛危害叶片，使叶片黄化脱落，可用20%灭螨乳油1000倍液，或大螨冠1500倍液防治。毒蛾以幼虫咬食叶片为害，造成缺刻、穿孔，严重时可把树冠更新后的叶片吃光，可选用80%敌敌畏乳油1000倍液，或2.5%功夫乳油4000倍液，或20%多杀菊酯2000倍液喷施。

第六章

战“疫”进行时　科技助春耕

经济作物篇

保障春茶生产的应对措施

对广东花卉产业的影响及应对措施

春季蚕桑种养防病技术

第一节 保障春茶生产的应对措施

一、加强制度建设，保障安全生产

①严格执行防疫规范要求，做好卫生物质的准备、筹集工作：如口罩、消毒水、手套等。

②建立每日监测制度，指定专人对所有工作人员进行每日体温检查并进行登记；制定戴口罩、勤洗手等制度，并在明显位置挂规范操作示范图。

③制定易燃易爆危险品的使用规范，如75%酒精消毒要求等。

④制定信息采集、上报制度。

⑤制定和完善农事活动记录制度，做好农事活动记录。

⑥制定和完善安全生产操作规程，做好生产记录。

二、加强技术指导，科学组织生产

1．新建茶园补齐缺苗

新建茶园，一般均有不同程度的缺株现象，须及时在建园后1～2年内补齐缺苗。茶苗补植宜在开春至清明前进行，应尽早开展茶苗的购买调运工作，以确保茶苗的及时补植。补苗宜选用同龄的茶苗，在雨后或土地较湿时带土移植，移植后及时浇足定根水。

2. 茶树防寒防冻措施

春季容易发生“倒春寒”、大风、连阴天等极端灾害性天气，对茶叶生产容易造成危害。须密切关注天气预报，寒潮前可采用覆盖、灌溉、熏烟、喷水洗霜等方式减少损失。如可采用遮阳网、无纺布等覆盖茶树蓬面，距离茶行高度20～30 cm搭架覆盖，防霜冻效果会更好。此外，也可选用作物秸秆等材料覆盖茶树蓬面，覆盖厚度约为4～8 cm；行间铺草还可以增加土壤温度，降低对根系的影响。

图6-1　茶树覆盖遮阳网受冻后情况对比

对于茶树霜冻结冰，有淋、喷灌系统的茶园，早上抓紧用水冲刷掉挂在茶树的冰霜，最好在太阳出来前冲刷完成。受冻茶树应做好以下护理工作：

①根据茶树受冻程度对冻害的茶树进行合理修剪，以剪口比冻死部位深2 cm左右为宜。修剪时期，以当地气温稳定回升后进行，一般在2月底3月初。

②受冻茶树修剪后，加强水分管理，及时排灌，防止旱、涝害，以免茶树造成二次伤害。根据实际情况合理平衡施肥，追施催芽肥、叶面肥等，增加茶树营养以确保茶树恢复生长。

3. 茶园间作措施

图6-2　茶园遮阴树和间作大豆

建设生态茶园，实施生态控制，有利于控制病虫害的大规模发生和危害。春季生产茶园，可合理配置遮阴树、景观树等，每亩4～6株为宜，宜选择树体高大、根系深、分枝部位较高、秋冬季落叶、与茶树无共同病虫害的品种。

幼龄茶园在2月底可考虑播种春大豆、鼠茅草。华南地区一年可收两季大豆，应提早播种。春季大豆一般选择在2月下旬至3月上旬前播种为宜，大豆可人工进行条播、刨穴点播，有利于大豆出苗，促使出苗整齐健壮。播种要均匀，并且播种后要平覆土严，不能盖土过多影响出苗率，一般播深3～4 cm。大豆播种密度为35 cm×15 cm（行距×株距）。密度过大妨碍茶树生长；密度过小大豆产量低，改土效果不明显。

4. 病虫害绿色防控措施

预防为主、防治为辅。春季湿度大，气温回升较快时，应重点关注茶饼病、茶赤星病的发生。在害虫发生初期，通过天

图6-3　天敌友好型LED杀虫灯

敌友好型物理诱杀技术、性诱剂等压低虫口，控制害虫虫口。对茶树主要害虫可进行田间调查预测，如茶小绿叶蝉、灰茶尺蠖、茶毛虫等，也可以性信息素对灰茶尺蠖、茶毛虫等鳞翅目害虫预测。

3月中旬：放置灰茶尺蠖、茶毛虫性诱捕器（2～4套/亩）、打开天敌友好型杀虫灯，诱杀灰茶尺蠖、茶小绿叶蝉越冬代成虫，压低虫口基数。

3月底至4月中旬：角胸叶甲防治关键时期，消灭越冬幼虫及蛹，减少成虫发生基数。结合追肥，浅耕5～10 cm，撒施白僵菌、绿僵菌菌土（每亩1.5～2.5 kg菌粉，拌土15～25 kg，混匀）或绿僵菌颗粒剂（每亩2～3 kg），并覆土。如有灰茶尺蠖、茶毛虫幼虫（3龄以下）发生，适时喷施茶尺蠖病毒•BT制剂、茶毛虫病毒•Bt制剂。

5月：春茶结束后，放置天敌友好型粘虫色板（25张/亩），诱杀茶小绿叶蝉成虫，压低虫口基数。茶毛虫越冬代成虫羽化前，放置茶毛虫性诱捕器（2～4套/亩）。

图6-4　灰茶尺蠖性信息素（左）、茶毛虫性信息素（右）

5. 杂草与施肥管理

经过冬季的清园，春季杂草相对较少，且管控措施主要是为减少夏季杂草危害做基础。对于已开采的成龄生产茶园，可以将除草与开沟施追肥相结合，施肥的种类可选商品有机肥、腐熟的农家肥（牛粪、羊粪、花生麸、豆粕等）。建议开浅沟施肥，开沟施肥的同时，适当铲除茶树周围的杂草，防止杂草长高进入茶树蓬面影响茶树生长和采摘。对于尚未开采的幼龄茶园，有条件的可以适当追肥，也可不追。适当铲除茶树根部15cm以内的杂草以及茶行中的高大杂草即可。有条件的茶园可以在茶行中覆盖稻草等覆盖物，或者间种绿肥植物，如大豆、紫云英等株型低矮的植物。

6. 适时采摘

各企业根据自身产品规格要求，提前招聘采茶工，采用分田块包干采摘等措施适时采摘，切实减少人员集聚；同时，结合茶青生长情况和市场需求合理调整茶类结构，错开各茶类加工高峰时段。

7. 合理加工

①做好加工车间及进出通道每日定时消毒。进出通道可使用84消毒液或75%酒精喷雾进行消毒处理。有条件的企业可安装智能雾化消毒通道（棚）。加工车间在无疑似/确诊病例的情况下，尽量使用紫外消毒后通风处理，以防消毒剂等对茶叶品质和安全的影响。

②加工技术人员每日体温测量和记录。对于多次体温测量超过37.3℃的人员，应尽快就医检查，其他接触人员进行隔离观察。在设备停止运行后，应对加工厂进行84消毒液或75%酒精喷雾消毒处理。

体温正常的加工技术人员，进入车间前应更换经过消毒的工作服、工作鞋，并用肥皂或75%酒精清洁双手，佩戴工作帽、外科口罩、手套等，并经由进出通道进入加工车间。

③加工机具在每日使用后应及时清理。清理后可使用紫外灯进行机具和车间消毒，紫外消毒后应及时进行通风处理。

④加工过程中的注意事项。采摘的茶青应及时加工，如因技术工人短缺，或卫生防护条件不足等原因导致不能加工生产或生产能力下降的中小型企业、家庭农场等，可将（保鲜处理

的）茶青送往附近加工能力较好的大型企业代为加工。具备茶叶自动化生产线、生产实力强的大型企业，应及时配备进出通道消毒、车间消毒、工人安全防护等一应器具，在满足生产能力的情况下，减少出入加工车间的工作人员，明确各自负责片区，尽量不交叉接触加工器具。在有能力的情况下，针对技术辐射片区，积极承担针对农户、中小型企业的茶青收购和茶叶代加工服务，保障春茶不减产，茶农收入稳定。

⑤毛茶储存及成品茶包装。加工好的毛茶应密封后，于干燥通风的茶叶储存车间储存。搬运过程中注意包装袋不要破损，以免消毒等措施对茶叶引起的污染。为保证毛茶和成品茶的安全卫生，操作人员应严格遵循防疫注意事项。如有疑似/确诊病例的情况发生，可在加工厂全方位消毒后，对已生产的茶叶进行复烘消毒处理。

三、实施多措并举，积极应对市场

在新冠肺炎感染的疫情防控的背景下，地方农业管理部门，应及早落实区域性帮扶措施，指定生产能力好的龙头/大型企业的帮扶片区，针对技术工人短缺、卫生防护条件不足或有疑似/确诊病例的企业，帮助解决春茶采收和代加工事宜，减少可能的经济损失。

茶叶企业应尽可能采用线上经营模式，减少线下接触。一是茶叶生产经营者要充分利用原有的合作关系，及时掌握市场动态。二是创新营销模式，推广茶叶线上交易模式，充分利用电子商务、现代物流等交易方式，及时将春茶产品送到终端市场，做到“零见面”交易，减少疫情传播风险。

第二节 对广东花卉产业的影响及应对措施

一、对全省花卉产业的影响

1. 对年宵花卉的影响

今年年宵花市计划从1月22日开始到25日凌晨结束，以花卉零售为主。花商早已备好年花准备大干一场，突如其来的新冠肺炎疫情让销售大受影响。1月23日广东省启动重大突发公共卫生事件一级响应，全省各地积极响应。珠海24日0时花市正式休市，花卉生产经营商年宵花未售出花卉存量约占20%，销售收入减少约15%。广州12个传统花市提前到24日18:00结束，比原定休市时间提早了8小时，受疫情影响，22～24日的购花人流量较往年大幅减少，年花销售大减。汕头24日下午开始冷清，至傍晚起人流极少，约占5%年宵花无法出售。梅州24日两个花市全面关停，致使部分年宵花（约占年宵花30%）无法出售。湛江花市也经营惨淡。

相比较而言，生产商1月20日前基本上完成了大部分产品的批发销售。由于天气较好温度适宜，蝴蝶兰开花品质较往年有较大提升，蝴蝶兰是春节主打产品，出货较快。墨兰由于大部分品种花期延期，产品质量也不如往年，产品销售一般。相比之下春石斛、凤梨、大花蕙兰等销售一般，卖剩比例相对更高。

2. 对节后花卉销售的影响

广东主要的花卉市场如岭南花卉市场、广州花卉博览园、广州花卉科技园、陈村花卉世界、南海花卉博览园、南海万顷洋园艺世界等全国知名花卉市场纷纷关闭停业，市场订单几乎为零，致使库存年花及正常节后花卉基本无法继续出售。翁源兰花积压严重，年后兰花含苞待放进入市场的好时机变成了花开爆却无人欣赏的惨景，花农欲哭无泪，叫苦连天。佛山里水、惠州、东莞、广州增城等地的百合生产基地大批盆栽百合和切花百合，以及中山等地的盆栽菊花已多数开放，只好等作报废处理。

疫情期间，各地各部门出台更有效的宣传、更严格的监管措施，市民也多自觉不出门或少出门，花卉零售店几乎全部关闭，即便一些商店没有关闭，也面临门可罗雀的局面。花卉物流通往外地的物流干线受阻，同城配送、顺丰快递也都不能保证时效，网上销售也大受影响，原已订购的产品因市场关闭和物流影响，无法交货，客户退订。受疫情影响，春节假期、情人节、庙会、礼佛、婚庆、餐饮酒店等用花已大幅度减少，对鲜花零售业影响较大。

3. 对花卉农旅行业的影响

春节是花卉旅游的旺季。疫情暴发，对以花卉为主打的农业观光旅游行业的打击是巨大的，春节假期游几乎颗粒无收，损失惨重。据汕头丹樱生态园反馈，公司准备春节假日游投入了300万元以上，但正月初一、初二几乎没有人观光，初三起停止对外开放，造成几乎颗粒无收。

4．对花卉生产的影响

①人手缺乏。绝大多数的花场，除了按年前计划留下少数值班淋水、维护的工人之外，外地工人基本未能按时返回，许多原来的生产计划只能暂停实施。花卉半成品如果养护不到位，将导致产品品质下降，可能将会有大量的产品报废。特别是组培种苗生产企业，一旦组培材料（特别是增值材料和原种材料）超期未转瓶将加大污染作废，严重影响种苗生产、小苗上盆，大苗分株、喷药等各项工作，造成的影响将尤为严重、持续。

②因种植原材料断货和物流困难，种植材料的采购物流成本大幅上升，面临无法按时给客户供货履约的风险。

③经营者的主要工作都还是更多地放在保证如何落实好防疫上，后续工作要等疫情明朗后才能落实。若市场停业时间过长，种植基地生产出的产品卖不出去，腾不出空间来引种新的种苗，种苗销售预期也将受到较大影响。

④企业经营收入减少，应收账款被客户拖欠，资金回收难，造成流动资金紧张，资金不足支付运营成本，职工工资支付压力大。有些企业有贷款投资的，贷款到期还本付息压力大。

二、应对措施

①积极配合各级政府防控工作部署，强化防疫措施落实。花卉生产者要增强防护意识，做好个人防护，在生产、销售过程中正确佩戴口罩、勤于洗手，确保身体健康和生命安全。

②加强春季花卉管理。生产企业应及时调整生产计划和

供货计划等，疫情过后，花卉的消费和赏花旅游将迎来爆发增长。要加强春季育苗管理、田间肥水管理和病虫害综合防治。对于盆栽时花和鲜切花等开花类产品，宜采用花期调控技术措施，实现延迟上市，增加销售机会，比如再次打顶，更换大盆种植，开棚降温延缓花卉生长速度，或是适当提高氮钾比例延长营养生长时间，尽量把花期往后延。有冷藏条件的企业，做好切花保鲜和冷链物流技术措施。对于种苗生产企业，强化生产资料保障，做好种子种苗、肥料农药等物资供应，保障种苗正常生产供应。保持产供销信息通畅，及时做好省内外花卉种植信息沟通交流。

③加强科技服务，强化信息监测预警。在做好疫情防控和花卉生产技术指导的同时，各地充分运用远程监测、监控系统和设备加强对田间花卉的气温、水分、土壤湿度、病虫发生情况准确掌握，及时指导花农做好花卉管理措施，稳定花卉生产和市场预期。

④传播好花文化，引导花卉消费。花卉是美丽的事业，是幸福生活的象征，对康养身体、愉悦心情具有重要功能。传播好花文化，拓展销售渠道，开拓电商客户以及社区团购的客户，增加线上业务，让积压的花卉通过电商直播平台、网红带货等形式销售出去。

第三节 春季蚕桑种养防病技术

一、两广二号蚕品种饲养技术要点

①及时包种，黑暗抑制，迟感光，早收蚁，以防蚁蚕逸散。

②催青和1～2龄温度28～29℃，干湿差1.5～2℃，壮蚕饲养温度宜偏低26～27℃，干湿差2.5～3℃，避免30℃以上高温。

③起蚕活泼，食欲早，注意适时饷食；收蚁当天及1～2龄用桑适熟偏嫩，切忌偏老；壮蚕用叶适熟，不吃嫩叶或污染叶；要控制给桑量，防止残叶过多，造成蚕座冷湿；遇多湿天气时注意排湿。

④熟蚕齐涌，上蔟宜均匀、疏放。

二、粤蚕6号蚕品种饲养技术要点

①蚕种催青温度28±1℃，相对湿度75%～85%，收蚁当天感光不宜过早，适当提早收蚁。小蚕饲育温度28±1℃，相对湿度80%～85%；大蚕饲育温度26±1℃，相对湿度75%左右。

②小蚕期要勤匀座、扩座，给予适熟良桑，大蚕期须喂成熟良桑，充分饱食，尽量避免喂湿桑、嫩桑和变质桑。5龄期间

蚕座不宜过密，注意保持蚕室空气对流。

③该品种熟蚕齐一、营茧快，排尿较多，上蔟时要疏放、匀放，避免增加同宫茧；加强蔟室通气排湿。

三、粤蚕9号蚕品种饲养技术要点

①严格贯彻养蚕前后和养蚕期间的消毒防病措施，消灭养蚕环境的病原，控制蚕病的发生。

②蚕种催青温度28±0.5℃，相对湿度75%～85%，收蚁当天感光不宜过早，适当提早收蚁。

③小蚕饲育温度28±0.5℃，相对湿度80%～85%；大蚕饲育温度26±0.5℃，相对湿度75%。

④小蚕期勤匀座扩座，给予适熟良桑，忌用偏老叶，大蚕期良桑饱食，尽量避免喂用湿桑、嫩桑和污染桑。

⑤5龄期间蚕座不宜过密，注意通气排湿。门窗加防蝇网，减少蝇蛆危害。

⑥上蔟时疏放、匀放，避免增加同宫茧，蔟室注意通风排湿，防止霉茧发生。

四、家蚕真菌病防治技术规程

真菌病是常见的传染性蚕病，生产上常见的真菌病主要有白僵病、绿僵病和曲霉病，多发生在多湿地区和多湿季节。

1. 严格消毒，最大限度地消除传染源

①对蚕室、蚕具、环境周围进行严格消毒，彻底消灭病原。

②发现病蚕及时拣出，立即焚烧或放入装有鲜石灰消毒缸中，消毒后挖坑填埋。

③蚕体蚕座消毒。收蚁、各龄起蚕饷食前要用蚕座净、防僵粉等进行蚕体、蚕座消毒。大蚕期每天或隔天用新鲜石灰粉进行蚕体、蚕座消毒。但5龄期地面育时不宜使用漂白粉、防僵粉等吸湿性药剂进行蚕体蚕座消毒。

④蚕室烟熏消毒。大蚕期发生僵病时也可用烟熏剂进行蚕室空气消毒。关闭门窗，烟雾在半小时内发散出来，保持30分钟后再开门窗排烟。

2. 温湿度调节

做好通风排湿和蚕座干燥，将蚕室和蚕座内小环境湿度控制在90%以下。

3. 蚕沙处理

发生僵蚕的蚕沙不能直接施入桑园，应集中堆沤，充分腐熟。

4. 药物防治

可使用“复合蚕护康”进行预防和治疗。

五、家蚕细菌病防治技术规程

根据细菌的发病规律，首先要消灭传染源，防止食下传染和创伤传染。生产上重点抓好消毒防病、通风排湿、防治桑树害虫等措施，可收到良好的防治效果。

1. 严格消毒，最大限度地消除传染源

①对蚕室、蚕具、环境周围进行严格消毒，以消灭病原，减少传染机会。

②收蚁、各龄起蚕饷食前要用蚕座净、石灰粉或防僵粉等消毒剂进行蚕体、蚕座消毒。大蚕期每天或隔天用新鲜石灰粉进行蚕体、蚕座消毒。发现病蚕要增加蚕体、蚕座消毒的次数。

③保持蚕室、贮桑室等养蚕环境清洁，定期洒0.4%喷湿洁液进行地面消毒。桑叶摘后要及时运回桑室，散热后再保存，防止焗桑破坏叶质和细菌滋生。桑叶堆放不宜过久和过厚。

2. 做好蚕期养蚕操作，防止创伤传染

蚕座密度要适当，以蚕体不互相重叠为宜。上蔟、采茧、削茧、鉴蛹、捉蛾及拆对等操作要仔细，忌粗放。推行蚕网除沙，适当稀饲，熟蚕不宜过多堆积，适时采茧。

3. 加强饲养管理

重视小蚕良桑饱食，增加蚕体质，提高蚕体抵抗力。

4. 药物防治

①病蚕处理。发现病蚕应及时捡出，立即放入装有鲜石灰或2%有效氯漂白粉液或0.4%喷湿洁消毒液的消毒缸中，经消毒处理后挖坑填埋。

②药物治疗。2～5龄起蚕第二口桑添食烟酸诺氟沙星粉（蚕用）进行预防。发病时，应每8小时添食1次或者连续添食进行治疗。

六、家蚕病毒病防治技术规程

家蚕病毒病是养蚕生产上最常见、危害最严重的传染性疾病。在广东省，每年由病毒病危害造成生产上的损失占所有蚕病损失的70%～80%。目前生产上常见的病毒病主要有家蚕核型多角体病、质型多角体病。

1. 严格消毒，最大限度地消除传染源

①对蚕室、蚕具、周围环境进行严格消毒，以消灭病原，减少传染机会。

②发现病原蚕，及时拣出、消毒、填埋。蚕期结束后，蔟中死蚕是病毒最多、最新鲜、最集中的传染源，采茧后要立即进行消毒。

③施用蚕座净、新鲜石灰粉等进行蚕体蚕座消毒，在每次饷食及加网除沙前对蚕体蚕座进行消毒，并使蚕座保持干燥。

2. 桑树害虫防治

桑园多种害虫能感染病毒病，并与家蚕相互感染。春蚕结束，桑树伐条后3～7天内用50%甲胺磷1000倍喷洒桑干治虫。

3. 加强饲养管理，增强蚕体质

①做好蚕卵催青保护工作。催青过程要严格按照标准进行温湿调节，注意通风排气，避免接触高温和有毒气体。做好补催青，及时收蚁，防止蚁蚕饥饿。

②加强蚕期的饲养管理，提高蚕体质。根据蚕不同发育阶段对环境条件和营养的要求进行温湿度调节，大蚕期要避免接触长期高温闷热等不良环境。良桑饱食。

③做好眠起处理，确保蚕发育齐一。

4. 避免极端不良因素

防止蚕体接触极端的不良因素，如农药、空气污染对家蚕的刺激，避免病毒病的诱发。

七、蚕沙无害化处理及利用技术

①对普通的蚕沙池进行改造升级，通过将蚕沙池地面架空，改善底部通风条件，在蚕沙的最上层蚕沙表面覆盖一定厚度（约5 cm）的干料，起到将表面蚕沙与环境的隔离，促进表面蚕沙充分发酵，提高发酵温度的作用。

②在蚕沙中加入一定比例的调理剂（菌糠、蘑菇渣等），起到提节堆料的碳/氮比和含水率的作用。

③堆肥表面覆盖能通气的木糠、谷壳等材料，能使蚕沙上、中、下部均匀升温，并能吸收堆肥所产生的臭气。

④一个多月的堆肥处理后，蚕沙熟化，即可作肥料使用。

⑤条件具备的蚕桑生产乡村，还可建设蚕沙集中处理小型工厂，将本村养蚕产生的蚕沙集中无害化处理后，生产蚕沙有机肥料。

底部留空 → 竹子架空 → 表面覆盖

图6-5　简易蚕沙池构造

八、果桑优质高产栽培管理技术要点

果桑系列品种“粤椹大10”“粤椹大74”和“粤椹28”果粒大、产量高、果汁丰富、酸甜可口、风味独特、品质优，是鲜食佳果和桑果汁、桑果酒等产品的优良加工原料。其优质高产栽培管理技术要点如下：

1. 种植密度

以亩栽100～150株为宜，行距3.5～4.0米，株距1.2～1.5米。地力肥沃地块宜稍稀，旱坡地及地力差地块宜稍密。

2．种植季节

在广东省全年均可种植，春季为最佳种植季节，成活率最高。

3．种植方法

在种植前按株行距开挖直径30厘米、深30厘米的种植穴，施入堆沤过的腐熟花生麸、牛粪、鸡粪、草木灰等有机肥作为基肥，施肥后回土培埋成高于地面20厘米的土墩，避免桑根接触肥料。种植时先修剪苗根和苗枝，分别剪留8～10厘米即可，以覆土刚盖过苗木原穗条为宜，覆土后轻压以使苗根与土壤充分接触，并淋定根水。

4．树形培养和剪枝形式

树形宜培养为二级主干，一级主干在距离地面60～80厘米处剪枝定干，每株选留壮枝1～2条作为一级主干；在每条一级主干上选留壮枝2～3条作为二级主干，在距离地面100～120厘米处定干。在二级主干上长出的一年生枝条为挂果枝条。每年果期结束后剪枝，把二级主干上的枝条剪留5～10厘米为宜，新长出的枝条为下一年的挂果枝条，去除弱小枝条，选留壮枝，长势旺盛的果桑园可在7月中下旬将新枝修剪留30～40厘米，以重发新枝增加挂果枝条数。

5．肥培管理

桑果园每年应施肥三次，分别为冬肥、壮果肥和壮枝肥。冬肥宜在桑树冬芽萌动前施入，一般在冬至前后进行，冬肥应施腐熟的花生麸、鸡粪、牛粪、蘑菇渣或土杂肥等长效有机肥为宜，在每两株中间处开坑埋施有机肥5公斤以上。壮果肥和壮枝肥以磷钾肥为主，壮果肥在桑树花期的末期即可施入，壮枝肥在在剪枝后新稍长出10厘米左右施入。

九、果桑菌核病综合防控关键技术

果桑菌核病是桑果的主要病害，其病原菌为真菌。染病桑果不能正常发育为紫黑色的成熟果，而是病变后发育为灰白色的病果，俗称“白果病”。发病严重时可致颗粒无收，对果桑园造成了毁灭性灾害。对果桑菌核病的防控必须以“预防为主，综合防控”为原则，关键技术如下：

1. 清除病果、清洁桑园

在桑果发育期间经常巡园，及早清除树上病变桑果和散落地面的病果；果期结束后及时伐条，并清洁桑园，减少病原菌在桑园的累积。

2. 合理施肥、撒施石灰

果桑园施有机肥为主，配施磷肥和钾肥，增强树势；冬至前后桑园撒施新鲜生石灰，消毒土壤，抑制次年春季土壤中病原生长。

3. 深耕土壤、覆盖地膜

冬季结合施肥翻耕桑园，使病原菌菌核深埋土壤中，减少次年萌发率；桑树发芽前地面覆盖农膜，防止土壤中病原菌子囊孢子飞出侵染桑花。

4. 化学药物、花期防控

选择短效低毒的植物真菌病药剂，在春季桑树有少量花瓣转白时第1次喷药，每隔7天喷1次，一般整个花期喷3次即可。喷药时要注意使喷头朝上，从叶背喷花，使桑花全面湿润。特别需要注意的是，在果期用药对该病无防治效果。

第七章

质量安全与经济发展篇

春耕农产品质量安全保障技术

2020 年农业经济与农村发展信息

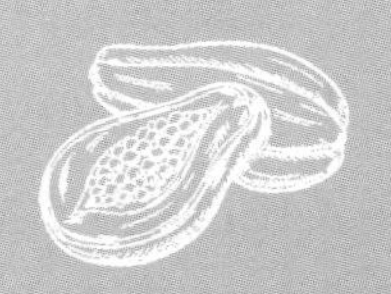

第一节
春耕农产品质量安全保障技术

广东省农业科学院农产品公共监测中心是由农业农村部确定的绿色食品、有机食品及地理标志产品认证和环境监测的定点检测机构，具备承担农产品中农药残留、兽药残留、重金属、营养成分、病原微生物、生物毒素、感官检测和农资产品、饲料产品及农业环境4类产品合计3780个参数的检测能力。

一、蔬果类农产品中农药残留、重金属、硝酸盐快速检测技术

该技术和仪器设备能同时检测蔬菜水果中农药残留、重金属及硝酸盐3种主要污染物，在省科技推广部门的组织下，以地市农技推广部门为技术支撑网络，在全省、全国范围内推广。

二、绿色优质农产品的咨询认证服务技术

提供绿色食品、有机食品、地理标志产品、名特优新农产品等绿色优质农产品的检测、咨询及认证服务技术，具体可提供品牌农产品申报程序指导、认证材料撰写等服务。作为在华南地区唯一获批的“中绿华夏有机食品认证中心广东工作站”，具备认证有机食品资质，可有效助力广东省优质农产品

的品牌建设工作。

三、农药登记残留试验服务技术

能够为企业申请农药登记提供产品中的农药残留及贮藏稳定性等试验，出具有资质的最终残留报告和贮藏稳定性报告，为企业进行农药登记提供技术服务。

四、检测机构认证咨询服务技术

针对农产品检测机构检测和双认证需求进行帮扶，从实验室布局、实验室管理体系建立和运行，检测人员培训开展全方位的培训和指导，提高检验检测机构管理和检测技术服务水平，协助地方农产品检测站建设及“二合一”双认证工作，为基层检测技术人员提供现场培训和指导服务。

五、农产品质量评价与活性成分检测技术

采用原位分析技术，为探索农产品功能因子分布、挖掘特异性营养成分、评估功能食品质量、鉴定产地和品种提供一种快速筛查方法，为优化产品加工工艺，改善高活性植物的培育提供数据支撑，从而为产业园及相关企业的产品质量等级分类，品牌建立，地标产品申请提供检测技术服务。

六、农产品产地污染成因诊断及配套安全利用技术

针对日益严重的农产品产地重金属污染状况，通过对产地土壤及农产品监测调查、污染成因分析及风险分级评价，制定针对不同土壤类型、作物种类的配套安全利用技术，包括适栽

农作物低积累品种库、土壤修复剂适用范围清单、种植结构调整模式以及高效水肥管理技术等措施，可实现污染土壤的可持续安全利用及农产品的安全生产。

七、农产品质量安全保障标准体系

提供从产地到产品各环节的标准化服务及指导，积极推进农业标准化生产，抓好源头管控，提升农产品质量；提供品牌农业评价标准建设咨询与指导，完善品牌农业评价相关标准，提高标准的可操作性。

八、农产品质量安全技术培训

监测中心有广东省农产品安全检测员授权培训机构、广东省国税局授权饲料免税检测机构等资质，能为全省检测机构、农业企业等单位提供饲料检验化验、农产品质量安全检测、重金属普查、检测机构建设等相关内容培训。

九、特色水果无损检测技术服务

已搭建与改进了6款无损检测装备，基于装备建立了广东特色农产品无损检测算法模型2套，可为全省柚、橙、菠萝等特色水果提供无损检测服务。

第二节 2020年农业经济与农村发展信息

2020年是全面建成小康社会目标实现之年，是全面打赢脱贫攻坚战收官之年，也是“十四五”开局之年。广东省农业科学院农业经济与农村发展研究所针对2020年各地区重点开展工作编写本节。

一、编制“十四五”规划和提供技术支撑

编制好“十四五”规划，需要统筹协调，及早谋划、系统做好“十四五”规划各项研究工作，确保“十四五”规划编制工作顺利完成。省农科院农经所可以针对各地区优势、特点，提供“十四五”规划相关资讯及技术支撑等工作。规划要聚焦产业发展、乡村振兴、基础设施、公共服务、生态文明等行业领域，通过优化空间布局，明晰产业重点，策划好重点项目，提高规划编制的前瞻性、针对性和操作性；坚持上下衔接、内外联动，实现规划与项目的紧密衔接，确保高质量、高标准、高水平编制完成“十四五”规划。

二、省级现代农业产业园申报、验收、信息化建设及宣传等工作技术指导与协助

2018年全省开始推进现代农业产业园区和“一村一品，一镇一业”富民兴村产业建设作为推动现代农业发展、促进乡村振兴的重要工作。截至2020年1月20日，2020年第一批关于推进优势产区现代农业产业园申报工作已经完成。2020年关于产业园创建工作将主要是申报成功的产业园验收工作和新申报产业园的核查审定工作。省农科院农经所可以协助市县编制产业园规划、可研报告资金使用方案、实施方案等前期申报工作，提供产业园中期建设提供信息化建设、品牌打造、农产品流通、产品销售等技术支持，以及产业园后期咨询监理服务、产业园品牌策划推广方案服务、项目专家评审服务、验收及绩效评价服务、产业园从业人员专业技能培训服务、协助宣传工作。

第八章

战“疫”进行时　科技助春耕

农产品加工篇

粮食加工企业防控指南

肉制品加工厂“五步法”环境清洁技术

金针菇菌糠堆肥生产有机肥技术

南方柑橘综合利用技术

果蔬益生菌 / 固体饮料加工技术

果蔬气调包装保鲜技术

果蔬鲜切加工技术

高香型桑叶乌龙茶的规模化生产技术

桑叶精粉及系列绿色健康食品的开发技术

蚕蛹（蛾）功能性油脂的绿色提取及高值化加工技术

风味淡水鱼干加工技术

以桂圆为原料的营养健康食品开发

第一节
粮食加工企业防控指南

一、人员卫生

1．复工人员要求

企业员工应实行分次分批到位，先安排本地或非疫情地区、疫情轻微地区的员工返工。疫区员工待疫情结束后再返回。对已返回的员工，及时登记，做好体温和症状监测，及时向属地管理政府部门和上级主管部门报告相关信息。

有关员工复工原则具体如下：一是现仍在湖北的企业员工，劝导其暂缓返回复工；二是对新招聘的“涉鄂”员工、已从湖北返回的企业员工及相关人员，一律采取居家隔离或到指定地点隔离（自抵达工作地之日算起，隔离留观时间务必达到14天）；三是对14天内有本地病例持续传播地区的旅行史或居住史的，一律采取居家隔离或到指定地点隔离（自抵达工作地之日算起，隔离留观时间务必达到14天）；四是对出现呼吸道症状、发热、畏寒、乏力、腹泻、结膜充血等症状者，及时送至专业医疗机构排除感染后方能复工；五是对近期接触过发热病人的，采取居家隔离或到指定地点隔离（自最后接触之日算起，隔离留观时间务必达到14天，或至接触对象排除新型冠状病毒感染）。

2. 开复工后人员日常防护工作

①测体温，戴口罩

要求员工进入厂区内必须佩戴口罩，对所有上岗人员的健康状况进行检查，并做好体温检测，体温超过37.3℃不得进入厂区，如有发热、乏力、干咳或呼吸困难等症状，严禁上岗。

口罩使用原则，有呼吸道基础疾病患者须在医生指导下使用防护口罩，在进入车间/库房和外出公共场合时必须正确戴口罩，且根据情况选择和定期更换口罩，使用过的口罩应放入口罩回收专用垃圾桶集中处理。

②工作服

所有人员每日上岗前按要求更换清洗消毒和烘干后的工作服、鞋帽，并按规定程序穿戴工作服装。

③勤洗手

所有人员工作前、接触不卫生的物品、上卫生间后都要按程序进行洗手消毒。即先用流动水冲洗，然后用洗手液搓洗干净，再用流动水冲干净泡沫，再用消毒液体浸泡手及手腕。若用酒精消毒须用烘手器烘干水分，接消毒液涂抹手及手腕，等自然晾干后方可操作。

标准七步洗手法如图8-1。

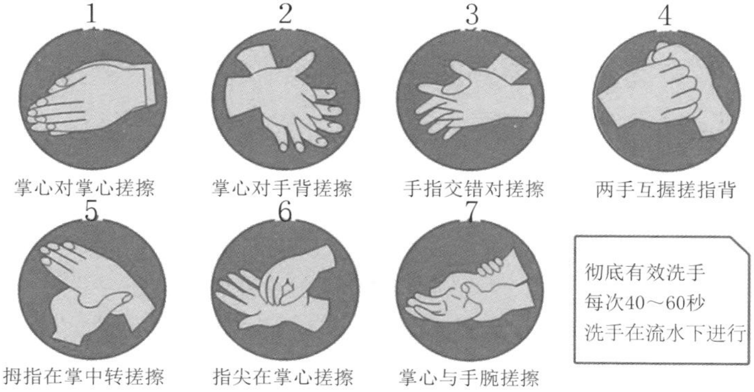

1 掌心对掌心搓擦
2 掌心对手背搓擦
3 手指交错对搓擦
4 两手互握搓指背
5 拇指在掌中转搓擦
6 指尖在掌心搓擦
7 掌心与手腕搓擦

彻底有效洗手
每次40～60秒
洗手在流水下进行

图8-1　标准七步洗手法

④监督管理

各部门须配置专职的卫生监督人员，定时对人员的着装、清洗消毒、操作过程进行检查监督，及时纠正不符合要求的操作行为，食品安全部不定期抽检各部门清洗消毒情况。

二、厂区卫生

①做好日常清扫，杂物清理，保障下水管路畅通，垃圾及时处理，关注厂区周边卫生，排查是否存在潜在污染源。如随意排放污染物等，应及时上报上级主管部门并对周边进行消毒。

②厂区消毒，每周至少对厂区及厂区周边进行消毒液喷洒消毒1次，消毒液使用可根据生产实际情况选择，一般有以下几种：

二氧化氯：20 g/m^3，100～200 ppm。

苯扎溴铵+漂白粉：0.1%苯扎溴铵和3%漂白粉。

火碱：3%的火碱溶液。

NaClO溶液：400～500 ppm浓度的NaClO溶液。

三、原料购买与贮藏

1. 原料购买

采购的食品原材料必须符合相关的卫生标准或规定。供应商必须提供相关证件并备案（生产许可证、经营许可证、进口食品许可证），进口食品的验证必须查验省市级进口岸或当地卫生检查部门检验合格。注意查看外观标签、生产日期、保质期及生产许可证等内容，拟采购原料应干燥、无霉变、无虫蛀，且食品添加剂必须符合有关的质量标准。

2. 运输贮存

原料的运输、贮存，应符合产品明示要求或产品实际需要的条件要求。盛放原料的容器和运输工具的材料和结构要坚固、无毒、易清洗。运输、贮存过程中应采取的有效防护措施，确保原料不被污染，不发生腐败变质，不影响后续加工。

3. 入库验收与贮藏

首先保证验收区的清洁卫生，有足够的自然光线，同时检查所有购入的原、辅材料是否具有卫生许可证，产品检验合格证或检验报告，没有则拒绝验收。遇有食品超期、包装破损、运输车辆不清洁等情况拒绝验收。原材料仓库必须通风良好、干燥、保持清洁。

四、生产加工车间卫生

1. 人员进入和物料进入

每日对进入车间人员进行登记；非常时期外来人员禁止进入车间，特殊情况（设备维修、卫生保洁）应得到领导批准；各类物料在进入生产区域时应对外包装进行清洁消毒，如酒精擦拭、紫外灯照射等。

2. 强化设备设施的清洗消毒

设备设施清洁彻底。所有设备设施使用后由专人负责清洁和消毒，使用专有的清洁工具、清洁液和消毒液，对设备设施进行清洁消毒，同时做好清洗消毒记录，应记录具体消毒时间（具体到分钟）、消毒方式、消毒人员、监督人员等。

3. 加强环境空气的消毒

生产车间每日工作结束后必须按照清洗消毒管理规定对各生产车间、库房进行彻底清理、消毒，确保生产环境空气质量符合食品安全的要求。

4. 加大车间中员工之间的距离

生产线岗位空间设置密度适当加大，针对有些粮食加工企业生产线人员较密集，可适当降低运行速度或者降低工作量，减少同一空间作业的员工数量，包装车间加大员工岗位设置密度，员工之间距离不少于1.5米。

5. 通风

车间应采用机械通风并保证正常使用，空气流动的方向应从清洁区流向非清洁区。

过滤网应至少每周更换或清洗消毒1次。

进气口与排气口应远离户外垃圾存放处。

车间清洁区（热加工后的冷却间、内包装间）气压应保持正压。

员工密集的车间，确保通风效率达到通风设备设计最大水平。

6. 车间卫生常用消毒方法

84消毒液：根据说明书进行配制，食品接触面小于50 ppm，非食品接触面一般区域50～150 ppm，污染区域（垃圾存放处、洗手间等）150～300 ppm。

过氧乙酸：0.2%～0.5%过氧乙酸溶液喷雾或浸泡10分钟。

臭氧：人员不在现场的情况下，臭氧发生器每天至少启动30分钟进行车间环境消毒。

7．卫生消毒安全常识

疫情防控特殊期间，安全切不可忽视。请科学防治，确保身体健康和生命安全。

酒精：酒精为易燃品，允许使用酒精做擦拭，不允许喷洒消毒，酒精使用过程中不应出现明火，不得使用产生火星的维修设备及开启取暖设备等。

84消毒液：84消毒液与酒精不可混用，混用可能产生有毒氯气。

五、生活区卫生

1．在厂区内住宿的人员卫生

减少外出，尽量避免到封闭、空气不流通的公众场所和人员密集场所，尽量避免参加聚集性活动。

2．车辆

每日对进出车辆进行登记，尽量减少车辆流动，必要时使用过氧乙酸喷洒消毒。

非常时期外来车辆禁止进入生活区。

3．驻厂隔离

当工厂周边出现集中暴发疫情而工厂仍须生产时，工作人员应住厂，不得出入工厂，特殊情况应得到工厂负责人及当地

疫情防控部门的批准。

每日对宿舍进行至少两次集中消毒。

每日对全体员工健康情况进行登记。

六、办公区卫生

1．清洁

每日对每个办公室进行地面清扫。

至少每三天进行桌面、柜面、地面消毒（84消毒液或酒精）。

2．公共区域

电梯按钮、公用电话、复印打印机、鼠标文具、手机等每天用75%酒精擦拭。

垃圾桶应加盖并每日清除。

3．通风

至少每半日开窗（或机械换气）通风30分钟以上。

如机械通风，应保证空调系统或排气扇运转正常。

过滤网应至少每月更换或清洗消毒1次。

4．办公人员要求

人与人之间保持1米以上距离，多人办公时佩戴口罩。保持勤洗手、多饮水。传递纸制文件前后均须洗手。

七、库房管理

1．储存

库存物料应包装完整。

发现有变质及检测微生物/理化指标不合格的物料应停止使用并隔离处理。

有温度要求的物料储存时应确保库房温度适合。

2．消毒/运输

每日应对库房进行清扫和消毒。

运输车辆应确保装车前车箱保持干净无污物并消毒，可使用过氧乙酸或酒精喷洒。

食品原料不得与有毒、有害物品同时装运。

3．通风

确保库房通风系统正常运转。

过滤网应至少每月更换或清洗消毒1次。

八、废弃物收集处理

1．卫生间及废弃物存放区域消毒

洗手间地面、马桶或坐便器每日应至少清洁和消毒3次，可使用75%酒精或有效氯浓度500 ppm消毒液。

消毒时，工作人员应做好卫生防护（口罩、手套、帽子等）。

集中存放垃圾的区域应分类存放且保持清洁。

设置专门的口罩回收桶，委派专人负责对口罩等一次性防护用品进行集中销毁。

2．清运

外包清运车进厂前应进行卫生消毒。

清运过程中不得有垃圾和污水的遗洒。

九、食堂卫生

1．清洁消毒

企业食堂后厨和就餐场所每次食用前应清洁和消毒。

所有人员除佩戴口罩外，就餐前要洗手消毒。

就餐期间不要扎堆，不要大声喧哗，人员之间相隔1米以上距离。如同一时间就餐人员太多，应采取限流措施。

操作间保持清洁干燥，保持通风。

操作间和就餐区要早、中、晚用过氧乙酸消毒3次。

2. 食材

各类食材应提前购买，放置2小时以上后使用。

保证无腐烂变质发霉情况。

应从正规渠道采购，严禁使用非法渠道获得的病死畜禽作为食材。

严禁生食和熟食用品混用，避免肉类生食。

每日应留有食谱记录，每餐餐食留样至少24小时。

3. 餐厅

推荐分餐制或自助用餐，避免人员聚集。

食堂集体就餐时，尽可能错时分区。

建议自备餐具，使用后的餐具应立即清洁并消毒，采取高温或消毒液消毒。

十、外来人员与用车

1. 登记

所有原辅料及产品进出必须在设置的特定的专用通道。

所有外来人员进厂前应在门卫登记并体温测量。

体温超过37.3℃的人员不得进入。

对14天内来自或接触过疫情高发地区的人员不得进入。

2. 防护

外来人员进入厂区后应全程佩戴口罩。

外来人员进厂时应进行手部消毒，可使用75%酒精，有条件的企业可建设雾化消毒通道。

未得到厂长批准不得进入车间和库房，如果要进入，须经过全身雾化消毒。

3. 排查与隔离

企业返岗工作人员要积极配合疫情防控排查工作，主动到企业人事部、企业所在社区指定地点登记备案，如实填写近期活动行程和身体健康状况，14天内有湖北等疫情高发地区旅居接触史的人员应主动落实隔离措施。

4. 车辆管理

物流中心在配送前后须对配送车辆进行严格的清洗消毒，确保配送车辆的安全卫生，并做好清洗消毒记录。

通勤车每天早晚员工乘车前对车厢内部进行严格的清洗消毒，乘坐通勤班车人员应全程佩戴口罩。

企业公务车内部及门把手每日用75%酒精擦拭1次。

十一、人员感染或疑似感染应急

1. 防线构建

生产企业管理人员应充分发挥组织工作优势和社会工作联动机制协同作用，广泛动员员工、组织员工、凝聚员工。做好疫情监测、信息报送、宣传教育、环境整治、困难帮扶等工作。全面落实联防联控措施，构筑群防群治的严密防线。

2. 就诊救治

如果工作人员出现有发热（腋下体温≥37.3℃）、咳嗽、气促等急性呼吸道感染症状，发病前14天内有相关疫区的旅行史居住史，或接触过可疑症状者或患者等情况，应当到指定医疗机构就诊。疑似病例和确诊病例都应转运至定点医院集中救治，但不能使用私家车。

3. 心理干预

面对身边同事人身自由被限制的状况，可能会造成暂时的慌张、不知所措，出现抱怨、愤怒等情绪，管理人员应结合劝导、鼓励、同情、安慰、支持以及理解的方法进行的心理干预，可以让员工较好地消除因为疫情流行造成的不良情绪。

4. 愈后防护

治愈出院的工作人员或解除隔离的工作人员应居家继续隔离一段时间，并做好个人防护和消毒工作，自行隔离期满后报公司人事部备案后方可上岗。

附：食品级消毒液配置指南

1. 食品车间消毒

①食品生产车间常用消毒剂的配制方法

75%乙醇液：将37升95%乙醇（V/V）、13升蒸馅水（室温）倒入不锈钢容器内，搅拌使上述溶液混匀，用0.22 μm的滤膜过滤后，即可分装使用，存放时注意远离热源。

0.5%84消毒液：在塑料或玻璃容器内，量取84消毒液和水，按1∶200的比例配制，混合均匀，即可分装使用。存放时注意远离热源。

0.1%新洁尔灭：在塑料或玻璃容器内属取5%的新洁尔灭0.5升，加入蒸馏水（室温）24.5升，混合均匀，即可分装使用。存放时注意远离热源。

NaClO溶液：使用前要确保使用浓度。因次氯酸钠溶液不稳定，应贮存于通风阴凉处，或随时使用随时配置，用前先测定有效含量；用蒸馏水或去离子水配置稀释液，稀释常温下保存不宜超过两天。

②消毒剂的存放

消毒剂一般存放于洁具室，但75%乙醇只允许贮存两天用量。

③空气消毒

根据环境监测结果，必要时按下列方法进行空气消毒。

用40%甲醛（30 ml/m^3）熏蒸12～24小时，再用氨水（8～10 ml/m^3）中和15分钟，开排风吹。

用乳酸（2 ml/m^3）丙二醇（1 ml/m^3）和过氧乙酸薰蒸。

气体消毒剂应交替使用，使用后详细地进行记录。

注意：液体消毒剂各品种每月交换使用，并详细地进行记录。

2. 厂区及车间入口消毒池

①消毒池每日必须确保有消毒液，常用84消毒液，有效氯含量为200～250 ppm。

②消毒池内消毒液不得超过15 cm深度。

③白班和夜班均必须对消毒池进行清洁并重新配制消毒水，其余时间须点检消毒池卫生状况，发现不良情况须及时处理。

3. 雾化喷雾消毒液配制

①采用3%过氧化氢、5000 mg/L过氧乙酸、500 mg/L二氧化氯等消毒液，按照20～30 ml/m^3的用量加入到电动超低容量喷雾器中，接通电源，即可进行喷雾消毒。

②室内空间消毒前关好门窗，喷雾时按先上后下、先左后右、由里向外，先表面后空间，循序渐进的顺序依次均匀喷雾。

③作用时间：过氧化氢、二氧化氯为30～60分钟，过氧乙酸为1小时。消毒完毕，打开门窗彻底通风。

第二节 肉制品加工厂"五步法"环境清洁技术

肉制品加工厂污水营养丰富，在湿度大、温度高的春夏季节，容易滋生细菌，产生异味，同时污染食品原料及加工过程中的半成品、成品。抓好肉制品加工厂环境清洁技术，对产品质量保障、员工身心健康非常重要，尤其是在当前疫情严重时期。肉制品加工厂根据污水油脂含量高的特点，采用"五步法"环境清洁技术。

①先用扫把将固体废物扫成一堆，统一清理放入垃圾袋。

②用清水或热水冲洗地面、设备一遍。

③将配好的氢氧化钠溶液喷洒在地面上或者将氢氧化钠粉末直接撒在地面上，放置15～30分钟；员工戴好橡胶手套后用氢氧化钠溶液擦洗设备可清洗部分。

④用热水或清水将地面、设备再清洗一遍。

⑤将车间紫外灯打开，用紫外灯消毒1小时以上；根据车间容积，适当延长紫外灯消毒时间。

第三节
金针菇菌糠堆肥生产有机肥技术

①原料：鸡粪、金针菇菌糠、木糠或米糠、堆肥专用微生物菌剂。

②设备：堆肥槽、翻抛机、槽底曝气装置、鼓风机。

③配方：2～2.5 t鸡粪、1 t米糠或木糠、1 t金针菇菌糠、堆肥专用微生物菌剂1%～3%。调节水分控制到55%左右。

④堆肥方法：将用堆肥翻堆机翻堆（翻堆距离4米/天，翻到堆肥槽尽头后再用铲车运回槽前部重复一次），将堆肥前端翻到后端。

⑤适宜地区：适宜于堆肥加工厂。

⑥注意事项：翻堆基后注意温度的变化，前端6米、12米、18米平均温度须超过55℃，24米处温度要降低。

⑦堆肥结束后按照国家标准和行业标准测定相关指标。

第四节 南方柑橘综合利用技术

橘皮精油、陈皮柑、柚皮柑、柠檬苦素等功能成分中间体适用于医药、保健食品及兽医等领域，开发的橘皮饲料适用于作为牛、猪、鸡、鸭等畜禽饲料添加剂，增加动物免疫力、减少畜禽春季病害发生。具体的操作方法如下：

1．制备柑橘柚皮渣

方法①：柑橘柚湿皮渣用粉碎机打碎后添加适量的碳酸钙粉末，接种酵母菌、芽孢杆菌属或乳酸杆菌后搅拌均匀，室温发酵3～7天。

方法②：柑橘柚干或湿皮渣核用粉碎机打碎后采用热水浸提法或乙醇浸提法，提取液采用真空热浓缩法制成浓缩浸膏备用（须委托专业的公司进行）。

2．制备颗粒混合饲料

基于牛、猪、鸡、鸭等畜禽饲料的基础日粮配方及营养水平，将发酵后的柑橘柚皮渣或柑橘柚提取物浸膏按比例与其他饲料成分（如玉米、大豆粕、米糠或其他营养盐等）混合，挤压造粒，即可用于饲养畜禽。

第五节
果蔬益生菌/固体饮料加工技术

益生菌是通过定殖在人体内，改变宿主某一部位菌群组成的一类对宿主有益的活性微生物。通过调节宿主黏膜与系统免疫功能或通过调节肠道内菌群平衡，促进营养吸收保持肠道健康的作用，从而产生有利于健康作用的单微生物或组成明确的混合微生物，具体提高机体免疫力的作用。果蔬原料中富含多酚、黄酮、精油及其维生素等各种营养健康活性物质，与益生菌复配能进一步提高产品的营养健康效益。

针对不同原料品种及加工产品特性，采用真空冷冻干燥或热风喷雾干燥成粉技术最大限度地保留和富集果蔬原料的营养活性物质。同时采用精准复配技术，将不同的功能活性的果蔬粉原料与益生菌复配、调味和造粒，开发具有提高免疫力等应用健康活性的新产品。适用于荔枝、龙眼、菠萝、芒果、火龙果、桑葚和蓝莓等特色水果以及胡萝卜、大蒜、姜、萝卜、芥菜、白菜、食用菌（蘑菇、木耳、银耳等）等农产品。

第六节
果蔬气调包装保鲜技术

采后果蔬易腐、易变色、易劣变。果蔬气调包装技术采用功能气调袋包装蔬菜，能够降低果蔬采后呼吸、调节采后果蔬贮藏小环境的湿度及氧气和二氧化碳的含量，减缓采后果蔬品质劣变和腐烂，能够大幅延长果蔬的贮藏保鲜期以及销售货架期，是一种绿色有效的果蔬保鲜技术。

一、与现有或同类技术的比较优势

①不仅具有调节包装袋内气体（氧气和二氧化碳）浓度的能力，还可以调节包装袋内的湿度，使包装袋内多余的水汽渗透出来，防止袋内湿度过大而使果蔬腐烂。

②具有一定的透出乙烯的功能，防止包装袋内乙烯浓度的过快升高，减缓包装果蔬的劣变。

二、技术要点

①分级：根据采后果蔬的成熟度、大小等，对果蔬分级，便于果蔬贮藏保鲜。

②预冷：从田间采后的果蔬，经过分级后，进行预冷，去除果蔬的田间热。

③包装：根据采后果蔬的不同生理特点，选用适宜的气调包装袋包装，热封。

④贮藏：包装后的果蔬，置于透气的纸箱或泡沫箱中，根据不同果蔬所需的不同贮藏温度，置于不同温度的冷库中贮藏。

⑤冷链运输：贮藏的果蔬，销往各地时，采用冷链运输的方式。

第七节
果蔬鲜切加工技术

一、技术背景

鲜切果蔬作为一种以新鲜蔬菜为原料，经分级、清洗、整修、切分、保鲜、包装等一系列处理后，使产品仍保持新鲜状态，供消费者立即食用或餐饮业使用的新式蔬菜加工产品。特别是随着人民生活水平的不断提高、现代生活节奏的加快，人们对这种方便、营养、卫生的鲜切蔬菜制品越来越青睐。

二、技术先进性

在国内外现有的技术基础上，创新了新型绿色杀菌技术、高氧气调包装技术等，该技术在国内领先，部分在国际上先进。该技术的实施，不仅能够提高蔬菜企业的产品附加值，延长蔬菜产业链，还能够带动相关的印刷、机械、包装、运输等行业发展，可大量吸纳农村剩余劳动力和城镇下岗职工就业，缓解社会就业压力，促进地方经济发展。

三、技术要点

①选料：选择没有病斑、没有腐烂、没有机械损伤、新鲜

的果蔬材料。

②预冷：针对不同的果蔬材料，选择不同的预冷终止温度。

③清洗：在自来水中清洗去表面的泥污，杂质等。

④切分：用锋利的不锈钢刀进行切分。根据不同的要求切成块状或条状。

⑤杀菌：在100 ppm的次氯酸钠溶液浸泡10～15分钟杀菌。杀菌后用自来水清洗1～2次，以减少其表面的氯残留。

⑥鲜处理：采用曲酸和柠檬酸等护色剂护色，用壳聚糖进行涂膜处理。达到保持原色、抑制呼吸的作用。

⑦沥干：沥干果蔬菜表面的水分，以防止微生物的滋生和蔬菜组织的软烂。采用甩干或鼓风的方式均可。

⑧包装：沥干后，分装入包装袋，多采用气调或真空包装。

⑨冷藏：将包装好的产品放在4℃冰箱中冷藏。

第八节
高香型桑叶乌龙茶的规模化生产技术

一、技术简介

自古以来，人们就充分利用桑叶药食兼备的特点，用于疏风清热，清肝明目。本技术从中国桑树资源圃华南分圃中筛选出优良桑树品种，经现代食品科学技术鉴定，具备良好的茶叶适制性。以优良品种制备的桑叶乌龙茶在传统桑叶茶加工技术的基础上，采用特殊发酵技术，使得桑叶茶风味得到很大程度的提升，并能有效避免了桑叶本身寒凉的特质，特别适合糖尿病、高血压患者长期饮用。

二、产品特点

桑叶乌龙茶富含植物蛋白、多糖以及粗纤维等，具有显著的降血糖、调节免疫等生理活性，而且从风味上较传统桑叶茶得到很大程度的提升，更加适应大众口感。

三、市场前景

中医认为“桑叶性味甘、寒，且有滋阴补血、疏风散热、

益肝通气、降压利尿、清肝明目等功效”。桑叶茶的矿物质含量、蛋白质与氨基酸含量均高于茶叶或原料桑叶。桑叶茶中粗蛋白质含有17种氨基酸，与普通茶叶相比，桑叶茶不含茶氨胺、谷氨酸胺；桑叶的茶水浸出物可达到36.6%。但由于受桑叶内含成分的影响，采用一般制作工艺加工的桑叶茶，仍具有一种难闻的青臭气和苦涩味，很难让人接受。若桑叶茶采用科学的加工工艺，除去了桑叶中有机酸的苦味、涩味，其口味甘醇、清香宜人，开水冲泡后，清香甘甜、鲜醇爽口，为中老年人及不宜饮茶的人提供了一种新兴饮品。目前市场上以桑叶绿茶为主，价格为20～50元/斤不等。应用本技术所生产的桑叶乌龙茶市场价格为100元/斤以上。本技术对提升桑叶茶品质与桑资源开发产业水平具有重要意义。由本研究建立的桑叶乌龙茶加工生产线，设备投入较低，可在一般工厂推广应用。

第九节
桑叶精粉及系列绿色健康食品的开发技术

一、技术简介

桑叶是桑科植物桑树的叶，营养成分和药用活性成分含量丰富，为中国传统的药食两用植物资源。桑叶颜色鲜绿，富含叶绿素（2‰左右），是很好的天然功能性食品基料，烘烤后不褪色，风味独特。桑叶经超微粉碎破壁后，胞内有效成分可充分暴露出来，从而提高其吸收应用，可添加在面点、糕点及汤馅料中开发绿色健康食品，能部分替代高糖、高脂配料，可矫味、增色、消除油腻感，营养价值高。

二、市场前景

由于桑叶是“药食两用”中药材，营养价值高，适口性好，易于消化，可进行深加工开发利用，通过运用超微粉碎技术开发桑叶超微粉及开发系列绿色健康食品，充分利用养蚕闲暇时间和空间，利用蚕房和安置农村剩余劳动力，实现桑蚕产业经济循环，提高蚕桑资源的综合价值。目前中国桑园面积达1200多万亩，桑叶资源非常丰富，将桑叶加工成超微粉及系列

绿色健康食品，既能使桑园余叶资源变废为宝，又能增加农户的桑园经济效益，有利于促进蚕桑产业的稳定发展和促进地方经济发展，对增强蚕桑业抵御市场风险的能力和缓解市场竞争压力意义重大，有很大的市场前景。

三、产品特点

桑叶是“药食两用”中药材，营养价值高，适口性好，含有丰富天然叶绿素。加工后的超微粉可添加在各式面点、汤料、馅料中，能部分替代高糖、高脂配料，口感独特，颜色鲜绿，烘烤后不褪色，具有矫味、增色、消除油腻感、增强营养等多种功能。

第十节
蚕蛹（蛾）功能性油脂的绿色提取及高值化加工技术

一、技术简介

功能性油脂在亚健康人群的饮食辅助改善治疗中起着非常重要的作用。本技术以蚕桑资源为基本原料，强化不饱和脂肪酸和其他有利于改善身体状况的活性物质，集成超低温流体萃取技术和低温分离等加工工艺，解决产品感官风味、活性稳定性等技术问题，研制开发辅助降血糖、降血脂的功能性油脂新产品。

二、产品特点

蚕蛹（蛾）是中国传统的药食两用资源，具有良好的强身固本、增强体质等作用。蚕蛹、蚕蛾富含功能性油脂，不饱和脂肪酸含量高达70%以上。现代医学研究表明其具有良好的辅助降糖、降脂、提高机体免疫等功效。可以预计蚕蛹、蚕蛾功能性油脂面世后能与进口鱼油相媲美。

三、市场前景

蚕桑产业是中国的传统特色产业，蚕桑资源中的蚕蛹、蚕

蛾都是开发功能性油脂的优质原料。研究表明，蚕蛹油和蚕蛾油的粗脂肪中以油酸、α-亚麻酸和亚油酸为主的不饱和脂肪酸含量高达70%～75%，此外还含有1%以上的β-谷甾醇、胆甾醇与菜油甾醇等其他功能性油脂。蚕蛹油和蚕蛾油的脂肪酸组成和比例优于深海鱼油，十分趋近于当今营养学家推荐的人体食用最佳脂肪酸比例标准，为植物油脂、动物油脂以及人工合成的调和油所不能比拟。蚕蛹油、蚕蛾油的主要成分为不饱和脂肪酸，作为食品添加剂和营养补充剂，可以改善人体脂质代谢，增强机体免疫力，在减肥、降血脂、降血糖、抗衰老以及维持人体细胞正常功能等方面有广泛的保健和药用价值。

四、知识产权

授权国家发明专利：“一种蚕桑复合油脂微胶囊及其制备方法”（ZL201010187513.X）。

第十一节 风味淡水鱼干加工技术

广东省是淡水鱼的产销大省，淡水腊鱼干是很多人喜食的一种传统风味食品。加工和储藏腊鱼干必须把握以下技术要点：

①鲜鱼宰杀：可选择草鱼、罗非鱼、鲫鱼等淡水鱼，将原料鱼去鳞、去鳃、去鳍、去头后从背脊处剖开，取出内脏并刮除黑膜，再用刀在鱼体肉厚的部分每3厘米左右刻条刀口，以便于盐和调味料渗入。将原料鱼用水洗净后沥干明水。

②腌制：按每100千克鲜鱼片2.5～3千克食盐，加适量的生姜粉，一层鱼一层盐放入陶缸内腌制，24小时后将腌制的鱼片上下换位再腌制24小时即可。

③干燥：将鱼片从缸里取出并沥干卤水后悬挂放入可抽风干燥烘箱，40～50℃低温干燥18～24小时。

④调味：将干燥好的鱼片切成合适的鱼块，喷洒相当于鱼块总重1%的料酒和鲜香调味料，即可食用。

第十二节 以桂圆为原料的营养健康食品开发

桂圆，俗称龙眼，是国家卫生部公布的药食同源资源食品，含有多糖、多酚、有机酸、蛋白质、维生素及钙、磷、铁等营养成分。开发以桂圆为主要原料的营养健康食品可以用于免疫力低下人群或者老年人群，帮助他们增强抵抗力。具体的操作方法如下：

1. 加工制备桂圆营养餐粉

将桂圆与挤压膨化大豆粉和玉米粉（1∶2∶2）混合后进行低温超微粉碎，再添加适量糊精、葡萄糖、维生素等食品配料搅拌均匀，经过杀菌后可以食用。

2. 加工制备桂圆乳酸菌饮料

将桂圆加水打浆，接种乳酸菌发酵5～7天，往滤液中加入黄原胶等稳定剂调配，经过胶体磨和均质机加工处理后高温杀菌制备成桂圆乳酸菌饮料。

3. 保健型桂圆膏

将枸杞、红枣和桂圆按比例复配，加10倍水于锅中蒸煮两次，过滤果渣得浸提液，加入蜂蜜熬煮浓缩至黏稠，可溶性固形物达65%后，分装杀菌即可。

附录

战“疫”期间务农人员科学劳作指引

为保障春耕期间务农人员有效预防新型冠状病毒感染，参照广东省疾病预防控制中心、广东省中医院、广东省农业农村厅等部门印发的资料，广东省农业科学院院地合作团队根据通俗易懂的“十二时辰”，编制本附录。

卯时（5:00—7:00）

保健部位：大肠。

旭日东升，万物生机盎然。起床、洗漱、如厕，开启劳作日，保持乐观的心态是健康的第一步。

辰时（7:00—9:00）

保健部位：胃。

打开门窗，保持家里空气流通。此时摄入早餐尤为重要，注意营养均衡，多喝水，饭前便后勤洗手。戴口罩，有条不紊准备劳作。

巳时（9:00—11:00）

保健部位：脾肺。

巳时为肺康复锻炼的好时机，注意劳逸结合，避免农事过度劳累。

1．大田劳作场景：室外田间通风处（果园、菜园、茶园、稻田、街道）巡田、耕地、播种、果树修剪及驾驶农机时与其他人保持2米以上的距离。不接触有毒气体的正常田间劳作时，务农人员如果买不到口罩，可以佩戴任何可以遮掩口鼻的物品，勤换勤洗。田间进行农药及诱抗剂等喷施作业时，应参照药剂说明书，选择佩戴合适的防护口罩。

2．畜禽饲养场景：畜禽要圈养，做好清洗消毒，及时打疫苗。

3．购买农资场景：进入农药化肥销售公司、种子公司等人员密集场所时，需要佩戴口罩。

午时（11:00—13:00）

保健部位：心。

陆续结束农作。外出返家后，使用肥皂或洗手液洗手，至少冲洗15秒，每个部位都擦洗到。午饭，食物荤素搭配、生熟分开、煮熟煮透，努力提升自身免疫力。午休，小睡半小时，精气神饱满。

未时（13:00—15:00）

保养部位：小肠。

劳作。一年之计在于春，撸起袖子加油干。疫情要防，生产不停。多支持镇村干部的工作，配合做好防疫登记和核查。

申时（15:00—17:00）

保养部位：膀胱。

适当喝水，及时排尿。记录田间劳务活动的信息。

1. 记录每日田间劳作的时间、出行方式，近期（14日内）每日的大致活动范围和接触人员范围。

2. 密切关注自己和同行或近期接触人员的健康状况。

3. 如果出现发热、咳嗽等症状，请您戴上医用口罩前往本地定点医院就诊。

酉时（17:00—19:00）

保养部位：肾。

调和五脏六腑，及时吃晚餐。不聚集，活动筋骨，居家清洁，清理卫生死角，及时清运垃圾，防好蚊蝇病害少。

戌时（19:00—21:00）

保养部位：心包。

结束一天的劳作，让自己心情愉快，放松、洗漱，热水泡脚。

亥时（21:00—23:00）

保养部位：三焦（体内脏腑）。

只要及时发现并隔离病人，就能很快遏制住疫情，不要过分恐慌，不信谣不传谣。亥时入睡，百脉修养，对健康大有好处。

子时（23:00—1:00）

保养部位：胆。

保养方法：睡觉，进入梦乡。

丑时（1:00—3:00）

保养部位：肝。

保养方法：睡觉，进入梦乡。

寅时（3:00—5:00）

保养部位：肺。

肺不好的人这时候容易咳嗽、哮喘，老人不宜早起晨练。

保养方法：睡觉，进入梦乡。

致　谢

本书得到广东省乡村振兴战略专项资金（农业产业发展-科技兴农）——广东省农业科学院乡村振兴地方分院和专家工作站工作经费（2018—2020）、2018年广东省科技厅农村科技特派员项目、2019年广东省农业农村厅市县农科所联系专家及人才培训项目的支持，在此一并表示衷心的感谢！